TURING

社会工程

卷2

解读肢体语言

[美] Christopher Hadnagy 著
蔡筠竹 译

Unmasking The Social Engineer
The Human Element Of Security

人民邮电出版社
北京

图书在版编目（CIP）数据

社会工程. 第2卷，解读肢体语言 /（美）海德纳吉
(Hadnagy,C.）著 ; 蔡筠竹译. -- 北京 : 人民邮电出版
社，2015.2
ISBN 978-7-115-38246-7

Ⅰ. ①社… Ⅱ. ①海… ②蔡… Ⅲ. ①信息安全
Ⅳ. ①TP309

中国版本图书馆CIP数据核字(2015)第005403号

内容提要

本书介绍社会工程实践中的基本技能——如何了解别人真正想表达的内容，具体内容包括：非语言交流是如何运作的，手部、躯干、腿脚等肢体语言是如何揭示情绪的，关于人类面部和大脑的研究以及案例，社会工程的核心——诱导。作者将毕生的研究以及他本人在社会工程实践中如何使用这些知识都囊括在了本书中。

本书适合社会工程方面的专业技术人员以及一切希望能成为更棒的沟通者的读者。

◆ 著　[美] Christopher Hadnagy
　译　蔡筠竹
　责任编辑　朱　巍
　责任印制　杨林杰

◆ 人民邮电出版社出版发行　北京市丰台区成寿寺路11号
　邮编　100164　电子邮件　315@ptpress.com.cn
　网址　http://www.ptpress.com.cn
　北京天宇星印刷厂印刷

◆ 开本：720×960　1/16
　印张：11.25　2015年2月第1版
　字数：201千字　2025年4月北京第33次印刷

著作权合同登记号　图字：01-2014-5452号

定价：59.80元

读者服务热线：(010)84084456-6009　印装质量热线：(010)81055316

反盗版热线：(010)81055315

版 权 声 明

献词

谨以此书献给：

我此生的挚爱，我美丽的妻子艾瑞莎。

我的儿子科林，他在我的心目中是那么通情达理、聪明和迷人，无人能及。

我的掌上明珠阿玛雅，是她让我的心中充满正能量。

保罗·艾克曼博士，是他的研究成果、友善和帮助促成了本书的出版。

序

从最初研究人类面部情绪开始，我一直热衷于了解人以及人际互动。在过去的几十年里，我不仅仔细观察人们是如何表现情绪的，还关注他们是否知道自己的情绪为什么被触发，以及当他们动情时会如何表现。这些工作扩大了我在改善情感生活方面的视野。

四年多以前，克里斯找到我，表达了他希望能够将我毕生的工作同他关于社会工程的研究相结合的想法。听他谈论他的工作很有意思。他的工作是帮助人们认识到有一些人可能会通过一些狡猾的手段利用他们，他们需要了解如何让自己或者公司对此类手段提高警惕。我和克里斯的共同工作目标就是降低类似的风险。这也是我选择支持克里斯完成本书写作的主要原因。

克里斯盛赞我的工作并对此表示了浓厚的兴趣。对此谬赞，我实不敢当。但是从另外一个角度来说，这也是一件令我受益的事。他的努力使我的作品为人们所知。更重要的是，在社会工程领域工作的人们也因此受益。他对我给出的反馈都做了及时的回应。对他的技术审校保罗·凯利（PEG 培训师）提供的信息也同样及时反馈。保罗·凯利花费了大量时间反复审核本书并给出建议。他还根据自己丰富的工作经验提供了很多相关的范例。

具体来说，你在阅读本书第 5 章关于面部表情以及 8.2 节关于会话信号的内容时，就能了解我的工作成果、保罗·凯利的丰富经验和深刻见解以及克里斯在社会工程领域的渊博学识。我们的组合振奋人心、独一无二。同时，也希望你能从中受益。

愿你有一个愉快的阅读体验。愿本书中的信息以及数十年的科研成果能够帮助你、你的家人和同事，并让你的事业安若泰山。

保罗·艾克曼博士
加州大学旧金山分校心理学名誉教授
保罗·艾克曼集团总裁
2013 年 11 月

致谢和序言

当我筹划这本书的时候，得到了很多人的支持和帮助。首先要感谢的就是我的家人。

我的妻子艾瑞莎：你是我认识的最有耐心的人。随着写作的日益深入，我也越来越深居简出。是你一直支持我、鼓励我，照顾我的生活。不是所有女性都能够处理好嫁给一位社会工程师的生活。因为她需要用另外的名字接听电话，需要和并不了解我真实身份的人对话，使用不真实的在线社交网络资料。甚至还要环游世界，教别人如法炮制。艾瑞莎，你是一位非常有耐心、善良又美丽的女性。能够娶你为妻我深感荣幸。我们之前共度的 20 年人生幸福美满，之后的 20 年相信我们会有更美好的生活。我爱你。

我的儿子科林：我不知道还有谁能比你更喜欢阅读和学习。如果我在家庭时间提到一个主题，你之后就会进行相关阅读并能侃侃而谈。当我带你去听我的五天课程时，我不知道会发生什么，也不知道你是否喜欢这样的安排。但是我很高兴看到你在成长，你的视野在不断拓宽。相信你的未来不可限量。你的乐观、随性会帮助你取得真正的成功。我爱你，伙计。

我的女儿阿玛雅：想到你时我便会微笑，看到你时我的世界就仿佛被点亮了。我是如此爱你。还记得你小时候总会在我工作的时候骑在我的肩上。这一骑，有时候就是好几个小时。最近你以 89 分的高分通过了艾克曼培训课程。你激励我成为一个更优秀的人。你无条件的爱和支持对我是莫大的鼓励。你对生活的热爱，你的微笑，你迷人的个性是我人生的珍宝。我全心全意爱你，是你让我成为一个更好的人，一个更好的父亲，一个更有意义的存在。

还有很多人也给予我很多的鼓励，比如布拉德·史密斯“护士”，他是我认识的最有感召力的人之一。

尼克·弗诺：我们仿佛从一出生就彼此相识，有着兄弟一般的情谊。你的鼓励对我的帮助很大，不仅是对本书而言，对于我的人生也是如此。你和你的家人是上天赐予我的家庭的礼物。你和我亲如兄弟。

本和萨琳娜·巴恩斯：你们知道我是爱你们的。你们是这本书的“脸面”，因为是你们的图片为这本书增添了光彩。你们能够按照我的要求来变化不同表情和肢体语言，是你们的耐心让这本书变得更好。很高兴认识你们并且能让你们成为我们的一员。

过去的一年半里，我和我的公司 Social-Engineer 打造了一个非常棒的团队。

阿曼达：虽然我认识你的时候你还名不见经传，我恨不得一天开除你 50 次。我对你施加压力，做一些能让有强迫症的人发疯的事情，比如每天对你说 400 遍“我是蝙蝠侠”。在我为了写作灵感而“玩失踪”的时候你总能帮我打点好各种事。我得说，你真的很优秀。不过，请不要再尝试清理我的办公室了。

米歇尔：谁能想到因为和萍（爱你，萍）的一次谈话竟会改变我们的人生呢？感谢萍将你推荐给我，让这一年的工作变得如此精彩。你帮助我进行调研，将我推向新的转折点，让我脚踏实地，在前进的路上给我坚定的支持。我的感激之情难以言表，希望我们能保持长期的合作，能让 Social-Engineer 成为一个更伟大的公司。正如你在我感到压力巨大的时候对我说的：“永远都不要放弃希望。”

罗宾・迪克尔：你是我在这个世界上最喜欢的“存在”之一。我们在几年以前就见过面，可是都没想到会有现在的合作。和你共事非常快乐，我已将你视为非常亲密的朋友。和你交谈很惬意。感谢你能和我探讨我的想法。

我的致谢对象还要有信息安全社区才完整。因为这个社区的人们是那么虚心和充满魅力。你们对我的鼓舞推动我继续前进去扩充我的知识面，让我有了写第二本书的想法。感谢你们大量的反馈，感谢你们的爱，感谢你们偶尔的批评指正。同时也感谢你们所有的拥抱（除了大卫，你可以保留你的拥抱）。

前言中会具体说明我是怎样和保罗・艾克曼博士以及保罗・凯利合作的。在这里，我真心感谢保罗・凯利。当我们初次见面的时候，我不知道你是否能接受我。因为你是最初的微表情奇才之一。你已经和艾克曼共事多年，而我只是一个黑客。但是你是一个有着开放心态的人，你和我讨论我们的工作领域如何找到交集，讨论我们如何共事。谢谢你，我亲密的朋友。你是给予我建议和鼓励的源泉。

艾克曼博士：我不太清楚为什么多年前您肯花费那么多的时间回复我的电话。也不知道为什么您能邀请我到家里一起谈论社会工程和非语言交流的未来。或许我永远都不得其解，但是无论出于何种原因，我都愿意真心地再三感谢您。您对工作方向的坚定以及您的善良对我的生活和工作方向有着深远的影响。您的研究和毕生的工作成果使得我能够在自己的工作领域使用、学习和创作关于社会工程的作品。您是一个伟大的人，同时也是一位优秀的导师，谢谢您！

感谢上述所有的人们，你们的帮助改变了我的生活，也让这本书的付梓成为可能。

我还记得开始写第一本书时的感觉。我只是想分享我的经历以及在我成长的道路上所学到的东西。两年多以后，当我想写第二本书的时候，我对自己想表达的内容有了更清晰的认识。我知道我不想长篇大论地发表自己的见解。如果我想再写一本书，那书的内容一定是建立在科学的基础上的。然而，我也自问：我是谁？为什么大家会想读一个社会工程师写的一本关于科学的书？

之后我和我的好友布拉德·史密斯参加了一个会议。当我们说起这个话题的时候，他面带笑容，握着我的手臂，信心满满地对我说："克里斯，这些技能并不是你生来就会的。你的人生轨迹、奋斗历程和你的所作所为成就了今天的你。这些对于对社会工程这个领域感兴趣的人们来说都是值得珍视的人生课题。"

一年后，布拉德去世了，但是他的话一直回响在我耳边。我开始思考经营一家社会工程公司，雇用一些员工，并提供为期五天的课程和服务。所有的课程和服务都围绕我所掌握的技能展开。我开始思考对我影响最大的那些技能，其中非语言交流改变了我的交流方式。

希望你能喜欢阅读这本书。也希望你能带着一个开放的心态去尝试并证实书中描述的方法。这本书开启了我生命中新的篇章，我找到了另外一个能够倾诉我内心并分享我的人生所学的机会。

我清楚众口难调的道理，也知道你一定能在书中找到一些纰漏。但是我希望在吸取了第一本书的评论、想法和批评后，这本书会有所进步。

感谢你在阅读本书的过程中"聆听"我的想法。

克里斯托弗·海德纳吉

2013年10月

前言

“我一直教自己注意我所看到的。”——夏洛克·福尔摩斯

当我决定写第二本书时，我需要用更多的时间去思考我想表达的主题。我的第一本书《社会工程：安全体系中的人性漏洞》[①]是带领读者初步了解一名专业的社会工程师需要掌握哪些技能。这些技能不难，通过练习就能够掌握。书里没什么高深的内容。

《社会工程》很简单、很基础。它概述了什么是社会工程以及在日常生活中如何发挥和使用社会工程技能。此外，正如很多读者注意到的，为了能更符合一些已经证实的科学事实，我不得不调整自己的理解、想法和培训。

当我思考我为什么对社会工程感兴趣以及是哪种技能让我受益最多时，我开始反思过去几年我所走过的历程。

我一直认为人际互动心理学和生理学极具魅力。虽然我并没有在这两个领域获得任何学位，但是我坚信如果能够了解交流中涉及的相关因素，我们在日常交流中理解、诠释和运用与这些因素相关的技能的能力就会有所提升。

在开始进行研究的时候，我去书店买了一些我感兴趣的特定主题的书。那是我初次接触保罗·艾克曼博士的两本书《情绪的解析》和《心理学家的读脸术：解读微表情之下的人际交往情绪密码》。买完这两本书后我爱不释手。那时艾克曼博士还没有在线的互动培训课程，所以我决定找到他的联系方式并打电话给他。

当我阅读《情绪的解析》时，我开始了解那些多年来我无意识记住的东西。比如那些和言语内容并不相符的面部表情，还有那些试图被掩饰的情绪。这个课题让我着迷，因此我开始阅读所有我能找到的关于肢体语言和面部表情的书。我阅读了这些书，并尽可能多地按照图示进行练习，之后我发现了一个出售艾克曼博士的面部动作编码系统（FACS）课程的网站。这个课程将我们脸部的每一块肌肉分解开来，并介绍它们是怎样被触发的，有什么功能以及当我们运动这些肌肉的时候看起来是什么样子的。

---

① 该书已经由人民邮电出版社出版，书号 9787115335388。——编者注

我很快购买了这个课程，如获至宝。但是这样仍不能满足我内心对于这个课题的渴求。

当时，我在努力开发一个能够帮助安全专家学习与社会工程相关的课程。这个课程最终成为一个为期五天的基础培训项目，旨在通过教授学生足够的技能，让他们在社会工程学习方面有个良好的开端。那时候，我决定做一些能够改变我一生的事。

是时候采取行动了，因为我不能再等了。我一定要和艾克曼博士聊一聊。我花了一些时间找到了艾克曼博士的邮箱地址和电话号码。最终我们的会话是由电话开始的。

直到今天我也没法解释为什么艾克曼博士乐于花那么多的时间回答我的问题，和我谈他的研究。不过，我却知道这对我的人生有着多么重大的影响，因为我们成为了彼此的朋友。两年多后，我已经坐在他的家里，和他讨论涉及非语言交流的社会工程研究的未来。

当我的课程启动后，艾克曼博士审核了我的材料，告诉我如何能够更好地教授非语言交流这个部分。他还帮助我认识到非语言交流在解读他人和与他人交往时是多么重要。在交流的过程中，不止是面部，整个身体都会呈现出重要的线索帮助我们了解别人真正想表达的内容。

我讲这个故事是因为这正是我写这本书的原因。基于我和艾克曼博士的友情，我对他的尊敬，我对非语言交流的研究，以及过去的这些年来我在社会工程实践中运用的那些技能，我决定将这本书命名为“社会工程　卷 2：解读肢体语言”。

身体的每个部位都能表达我们的情绪。这些部位互相协作，帮助我们了解他人的感受，或者他们试图掩饰的内容。

为什么要关注这个课题呢？试想一下，当你和配偶、孩子、老板、同事或者其他人交流的时候，你能够解读他们感到不适的信号。假设你能看出他们的开心、难过、愤怒、恐惧或者其他不想让你看到的情绪。假如你申请加薪的时候，能看出老板有些许迟疑，那么这些将会如何影响你调整、改变以及提升交流方式的能力呢？假设在一个社会工程对话中，当你和目标对象说话时，你看到对方的愤怒、悲伤、恐惧或者开心，它们对你来说意味着什么呢？如果你看到在房间另一侧谈话的两个人中有一人感到不适，这个发现是否会对你达成目标有所助益呢？

如果你既能看出这些信号，又能做出相应的解读，那么你的交流技能一定会有所提升。而这，正是你需要阅读本书的主要原因。其次，本书将会提升所有社会工程专业人员的技能，帮助他们在与他人接触时能有更好的发挥。

与他人交流时我们往往会听从“直觉”的指引。比如，有时你会立刻喜欢上或讨厌某个人。有时可能任何实际的交流都没有发生，但你的直觉已经被触发了。你是否想过为什么会出现这种情况呢？

你的感觉很大程度上取决于对方对于非语言交流的使用。大脑在接收到对方非语言交流呈现的线索后，触发情绪反应，进而形成交流对象给你留下的深层印象。学习如何开发这个天赋并为你所用能够为你在交流的过程中提供助力。你会很快爱上交流。

当我写第一本书的时候，我明白了众口难调的道理。或许你会不赞同书中的某些观点。在我看来，这是一件好事。我欢迎也期待你能够就这些观点与我进行坦诚的沟通。

我得说这本书中提到的研究并不是从未公开的新的研究成果。事实上，本书的内容更多的是基于我们这个时代的一些伟大的思想者的研究和工作。这本书的特别之处在于，迄今为止这是第一本涵盖了所有对社会工程师适用的研究成果的书。这是第一本教社会工程师如何使用这些技能的书，第一本由一名社会工程师写的书。也是一本由两位业界的伟人——保罗·艾克曼博士和保罗·凯利——编辑、校对、检查以确保科学准确性的书。

人们经常问我是怎样和艾克曼博士成为朋友的。接下来我会花一些时间作出回答。

学者和学生

最初我是羞于联系艾克曼博士的。原因之一是他是一个享誉世界的科学家和科研人员，也是他的工作领域中调查和研究的先锋人物。而我，只是一个懂得怎样与他人交谈的“黑客”。我不知道他是否愿意花费宝贵的时间与我交谈。

最初联系上艾克曼博士是通过他的助手和网站。我邀请他观看我每月更新的社会工程师播客。让我吃惊的是，之后艾克曼博士竟要求与我通话。第一天我们用了两个小时来讨论我的实践活动、我所做的工作以及这些如何适用于他的领域。

艾克曼博士虽然年事已高，但是他对社会工程领域的概念和应用了如指掌。当时他接受了我的播客的邀请。之后我们的播客收获了有史以来最高的下载量。

在那之后艾克曼博士复审了关于五天非语言交流课程的那一章内容，帮助我完善了相关的教法。他还允许我在授课过程中使用他的微表情训练工具（METT）。这样可以帮助学生们在每天的学习中更好地磨练自己的技能。

数月后，我坐在艾克曼博士公寓的阳台上和他一起讨论社会工程和微表情。然后我告诉他我想写一本书。这本书会包含他数十年来的研究成果，并将这些研究成果运用到一个新的领域。

不过我也告诉他这件事首先要得到他的许可和支持才会进行。没有他的帮助、培训、编辑和指正，我是无法完成这一切的。我认真地向他保证这本书的内容是建立在科学、准确和多年的验证基础上的。大约一年后，艾克曼博士同意和我共同工作。他还建议让他的长期合作者保罗·凯利（简称 PK）也加入我们。

在工作的过程中我和 PK 也成了朋友。这让我有机会向艾克曼博士团队的一位高级导师学习。艾克曼博士和 PK 用了相当长的时间来确保我真正理解了所有的相关概念。他们帮助我确保这本书是科学而准确的。我们的这种相互协作有图为证（参见图 I-1 到图 I-4）。

图 I-1　艾克曼博士和我在复审书中用到的图片

图 I-2　艾克曼博士就如何正确地在书中使用面部表情给出了建议

图 I-3　艾克曼博士同意我在解释概念的时候使用一些图片

图 I-4　艾克曼博士帮助我了解一些表情的深层含义

此外，更让我感动的是艾克曼博士对我女儿阿玛雅的不吝赐教。我的女儿对艾克曼博士的研究非常感兴趣。她还完成了艾克曼博士的在线面部表情解读课程，并取得 89 分的成绩。当她听说我要去纽约见艾克曼博士的时候，就央求我带她同行。

在此期间，阿玛雅向艾克曼博士展示了她的功课（受他的女儿伊芙的启发）。根据《情绪的解析》，她模仿伊芙做了一系列表情。艾克曼博士看后说："如果你的书没有这位年轻女士的参与，对你来说可是一个损失。"

图 I-5　艾克曼博士帮助阿玛雅完善她的表情

基于伊芙·艾克曼多年前的一些情绪表现，我的女儿阿玛雅在本书的第 5 章闪亮登场，展示了她模仿面部表情的技能。

最后，我想说的是我为自己在创作这本书的过程中能够得到保罗·艾克曼以及保罗·凯利的支持而感到骄傲。因为我知道这本书是准确的，能够经得起考验的。更值得骄傲的是，他们不仅成为我的导师，还是我的朋友。

下面让我们快速浏览一下本书各个主题的内容。

第 1 章：深入探讨何为非语言交流，并从科学的角度说明非语言交流是如何运作的。

第 2 章：描述何为社会工程及其使用方法。这一章会讨论近期一些真实攻击案例是如何运用社会工程原理的，以及我们能从中学到什么。

第 3 章：讨论肢体语言之一的手部动作的学问，帮你了解如何通过手部解读相关情绪的表达。

第 4 章：分析肢体语言的其他主要方面（躯干、腿、脚）是如何揭示情绪的。当一个人将他的脚朝向门口时是什么意思？人们站着或是斜着身子是否为舒适或不适的表现？如果能解读这些信息，就能迅速识人。

第 5 章主要是关于人类面部的研究、数据资料以及案例。面部的科学是极其重要的。面部是情绪表达的关键，也是最重要的交流工具。学习如何了解、解读和使用面部表情会让你看起来仿佛能读懂别人的心思。许多人都认为微表情（持续时间很短、无意识、跨文化、普遍性的面部表情）背后的科学是没有意义的，因为没有人能迅速学会解读面部表情。本章会证明这项由艾克曼博士领导的研究是多么先进的科学，同时也会证明为什么称其为科学事实。在接受仅仅两个小时的培训后，绝大多数学生的技能都得到了提升，有些学生则用时更短。

有一个“神话”是说你能在几秒钟内看出一个人是否在说谎。不过这当然不是真的。但是至少你能看出这个人是否感到不适。不适的迹象能够揭示一个人的心理状态以及如何改变这种心理状态。第 6 章会讲到如何发现和了解不适的表现。

第 7 章的内容从身体外部转移到了我们的大脑。更准确地说，是我们的扁桃核。扁桃核是我们大脑中很小的一个部分，它负责控制我们对情绪触点的非语言反应。在这一章我们会讨论扁桃核的相关内容。与此同时，本章会回答我们自己是否能够强行控制我们的扁桃核，以及这样会带来怎样的影响。

接下来我们需要将这个知识应用到社会工程领域。具体来说，是社会工程的核心部分——诱导。第 8 章论述了非语言交流对诱导过程的影响。

第 9 章以安全专家的实际应用收尾，并回答了“如何使用这些信息去审核、训练、提升、测试以及保护我们自己，我们的家庭和公司”的问题。

在这本书中，我将我所了解的知识，以及作为一名社会工程师我如何使用这些知识，向你一一道来。为此，我进行了学习、研究，并同相关领域的世界级专家进行了沟通。我将我们共事过程中学到的知识收集起来，让我的作品更加完善。有很多人一生致力于人类交流的一个或几个方面的研究。他们在某种程度上也对本书的完成做出了贡献。

罗宾·迪克尔是行为交流方面的专家。从他那里我学到了很多。我学到如何迅速了解人们的交流风格，如何快速与他人建立融洽的关系，以及如何调整交流风格，让自己更有魅力。他着实改变了我的人生。

在我的社会工程播客上，我采访过诸如埃伦·兰格之类的大师级人物。她是哈佛大学的心理学家。她将自己关于“无意识”的理论整理成书。所谓“无意识”，就是指人们在不经过思考的情况下完成每天的例行公事。对于这个理论的了解使得我们懂得如何发现和解读我们的交流对象是否感到舒适。

保罗·凯利是我宝贵的资源。他多年的工作经历，以及他和艾克曼博士在解读微表情方面的天赋确保了我在书中所言都是准确无误的。此外，他的友爱、支持和鼓励在过去的日子里给了我莫大的鼓舞。

与行为经济学家丹·艾瑞里的交谈让我如沐春风。他在“可预测的非理性”方面的研究提升了我们塑造他人和自己以完成彻底改变的能力。

凯文·霍根是著名的说服心理学方面的专家。他对我讲解说服力的作用原理，告诉我他的研究能够帮助我们了解说服别人按照我们的想法去做的力量。

在这里我不能不再次提到保罗·艾克曼博士。不仅仅因为他是我的朋友和导师，还因为他的著作、培训教材和科学研究改变了我们对交流的看法。艾克曼博士对我寄予厚望，他相信我能用他毕生心血的“星星之火”点燃一个新的领域，一个亟需这些火种的领域。

以社会工程师的身份使用这本书

据说，伏尔泰是说“能力越强，责任越大”的第一人。

当我开始进行五天的培训课程时，有人说学习社会工程就像能够“读心”一般。而我并不是教人们“读心”。但是通过这个课程的学习，你能够学到如何根据交流对象的喜好选择适合的交流方式，解读他微妙的非语言行为，并加强自己的非语言行为。这样做会让你的交流对象觉得和你交流是他的最佳选择。

希望你带着想成为更棒的沟通者的愿望来读这本书。一些研究乐于用数据来体现非语言交流使用的多寡。但是艾克曼博士告诉我，我们不能找到一个真正意义上存在的数据来判定非语言交流的使用，因为这要视交流类型而定。在某种情况下非语言交流占到55%的比例，在其他情况下可能是80%。但是我们能确定的是，我们想“说”的很多话都是通过非语言方式表达的。

如果你是一位安全专家，负责保护你的公司，培训员工，或者需要在网络战争中“战斗”，那么这本书可以帮到你。你可以从这本书中学到如何使用交流中重要的非语言方式去帮助你更有效地传递信息，理解他人的言外之意，甚至能提升你检测公司防御情况的能力。

愿你能喜欢这本书，如果有相关问题想和我讨论，请随时联系我。接下来让我们走进第1章，一起讨论非语言交流。

目　　录

第三部分　科学解码

第四部分　信息整合

第一部分

基础概念

第 1 章
什么是非语言交流

“我们的情绪常常借由无意识的肢体语言表露无遗。”

——艾琳·克莱蒙特·德·卡斯蒂列霍

在我的第一本书《社会工程：安全体系中的人性漏洞》中，谈到了关于沟通模式的内容。书中强调了创建和理解我们与他人的交流模式的重要意义。

沟通建模可以用来了解收发信息的方式。比如，你以发件人的身份通过邮件与他人进行沟通，那么你想要表达的情感、意图以及信息仅能通过文字、表情符号和措辞来传达。邮件的接收者（即收件人）也只能以他们彼时的心境和方式来解读你的邮件。在交流过程中，反馈具有多种形式，而且至关重要。

从另一方面来说，如果是面对面的交流，那么对方接收到的不仅仅是你的言语所传达的信息，还包括你的肢体语言和面部表情等传达的信息。社会工程师需要顺应信息接收者的沟通方式，来相应地调整自己的沟通方式、方法和内容。

本章将重点介绍非语言交流。这是一个内容丰富而复杂的主题，所以我们首先要分辨何为非语言交流，之后再对其进行细分。

在了解何为非语言交流前，我们需要了解每一个感官对于人们沟通方式的影响。而这也正是本章内容的关键所在。我会就相关的主题进行分析，并概述非语言交流的整体构成。

举例来说，当你在进行一场大型演讲时，看到台下的人群或打呵欠，或摆弄手中的移动设备，再或者双手托腮眼皮打架时，你会作何感想？无需多言，你大概也能判断出台下听众已对演讲感到厌倦。

为什么呢？原因很简单：非语言交流。诸多研究均谈及非语言交流在我们全部交流中所占的比重。更有研究指出非语言交流能占到我们全部交流的一半还要多。在与艾克曼博士工作的过程中，我认识到非语言交流所占比重并不固定，它会随着交流的类型、目的、交流对象以及其他诸多因素的变化而变化。不过，所有相关研究都认可非语言交流在整个交流中占有非常高的比重。

回想一下上一次当你收到颇具嘲讽挖苦意味的短信或邮件时的经历吧。起初你的感受如是，但稍后你会发现发件人（传达人）的本意并非如此。为什么会有这种情况发生呢？因为在发件人不在场的情况下，你当时的感受以及情绪状态都会影响到你阅读信息时的感受。

记得有一天我从早忙到晚，筋疲力尽。有人却给我发了这样一条消息："我给你打电话一直无人接听，如果你今天确实是在工作的话，请给我回电话。"看完这条消息，我顿时火冒三丈，心想他凭什么指责我懈怠，难道他不知道我这一天做了多少事吗？要知道我当天完成的工作可能比他之前三周完成的工作都要多！我一定要好好教训他一顿。

我写了一封长邮件指责他。但是当我再读一遍信息的时候，我意识到我"读"起来是多么气愤。我在想这个给我发消息的人不正是平日里经常和我互开玩笑的人吗？我因为紧张和压力而把自己的情绪发泄到了邮件的发件人身上。而邮件本身不能发声，没有表情，也不能通过肢体语言帮助我们了解发件人试图传递的信息。

如果我能和给我发信息的人当面交流，我就能看到他的笑脸，感受到他的快乐天性。那么我也就不会觉得他是在质疑我的职业道德或者时间管理能力。

因非语言形式对于交流的重要意义，一些人竭尽毕生之力来了解它。本书将深入探讨这些人（如艾克曼博士）关于非语言形式的研究，从而理解它对于社会工程师是何等适用。

为了证明非语言交流的重要性，加州大学伯克利分校人类发展研究所所长约瑟夫·J·坎波斯携安德森博士、威灵顿博士、内山博士以及巴尔布–罗斯博士，进行了一个名为“视觉悬崖”[①]的实验。在该实验中，他们将一个能够爬行但是还不能讲话的婴儿置于桌子的一端。桌子覆盖玻璃板，板下为棋盘式图案。这样做是为了给婴儿一个错觉，让他感觉仿佛桌子的另一端很陡峭，仿佛要掉下去一样。

越过“危险的悬崖”，在桌子的另一端的边缘处放置了一个玩具。在这个玩具附近，婴儿可以看到爸爸或者妈妈的脸。根据实验规定，妈妈不能说话，只能用面部表情鼓励孩子朝她的方向爬去。当到达“悬崖”处，妈妈要做出一个宏表情——一个持续很长时间的或开心或恐惧的表情。如果妈妈表现开心，微笑的时候眼角会产生皱纹（艾克曼博士称之为“真诚的微笑”），并告诉婴儿一切顺利（如图 1-1 所示）。若妈妈要做出恐惧的表情，那么她会咧开嘴巴，睁大眼睛（如图 1-2 所示）。

图 1-1 当看到妈妈这样的表情时，婴儿会有什么样的感觉呢？

① Lejeune, L., Anderson, D. I., Campos, J. J., Witherington, D. C., Uchiyama, I., Barbu-Roth, M. (2005). “Avoidance of Heights on the Visual Cliff in Newly Walking Infants.” *Infancy* 7(3), 285–298.

图 1-2　当看到妈妈这样的表情时，婴儿会有什么样的感觉呢？

当妈妈表现开心的时候，婴儿会倾向于忽视视觉悬崖的存在，直奔妈妈而去。如果妈妈表现恐惧，婴儿就会表现得非常小心谨慎。其中有一个婴儿在思考越过悬崖的过程中甚至摇起了头。

了解非语言交流的深度、重要性以及对我们的交流对象的影响是非常重要的，这也正是上述实验及类似实验论证的结果。进一步来讲，社会工程师能否更专业地使用非语言交流方式也是非常重要的。以本实验为例，当接近目标时，如果社会工程师表现恐惧，就会使目标产生恐惧，进而产生疑惑；反之，若该社会工程师表现欣喜，那么就很容易与目标建立融洽的关系并实现既定目标。

到目前为止，我已将全部非语言交流方式划分为一个大类。但实际上非语言交流的类型有很多。

1.1　非语言交流的不同方面

非语言交流很“多面”，众多研究人员为非语言交流的分类殚精竭虑。本节将论述一些我认为能够在真正意义上帮助了解非语言交流的那些方面。

本节将具体讨论非语言交流的七个方面：身势学、人际距离学、触摸、眼神交流、嗅觉、着装以及面部表情。下面将一 一介绍这几个方面。

1.1.1　身势学

身势学是对非语言肢体动作（如脸红、耸肩或者眼动）与交流之间的关系的系统研究。

从本质上来说，这个定义描述了何为肢体语言以及它是如何表露我们的心声的。艾克曼博士在 1975 年发表了一篇名为“交际性的肢体运动”（Communicative Body Movements）的论文。该论文着重研究了大卫·埃弗龙在 20 世纪 40 年代发表的著作。它论述了身势学的四个方面：象征动作、演示性动作、操纵性动作以及被我称为 RSVP 的方面。接下来我会简单描述上述几个方面。而本书的第 3 章将详细论述这几个方面的内容。

1. 象征动作

一个象征动作就是一个非语言动作，通常涉及手部动作。象征动作有以下明显特征。

设想一下下面的情景：你的朋友在房间的另一边发现你的脸色有些不好，于是用口型问道“你还好吗”。这时她会使用什么手势呢？是耸肩的同时并竖起拇指吗？你又会作何反应？或许你会揉揉肚子，并且将拇指朝下指。你的这个动作表示什么意思？胃部不适。这里，你们并没有说什么，只用了些象征动作就完成了一场小型对话。

另外，还要考虑到另一个方面。如果上述情景发生在中东地区，你可就不能使用“竖拇指”这个象征动作了，因为在该地区这个动作有着截然相反的意义。图 1-3 和图 1-4 所示的象征动作的含义取决于使用它们的地区。

就像在交流时会注意措辞一样，我们在使用象征动作的时候也会如此，因为它们是经过审慎思考的。与此同时，象征动作也会出现类似我们说话时出现的“口误”。

回想一下我们曾经看到过的象征动作及其含义。在美国，如图 1-4 所示的象征动作表示一切顺利。然而，该动作在中东、非洲的部分地区以及其他的一些地方，却意味着冒犯。

在本书第 3 章我会更加深入地探讨上述主题。作为社会工程师，需要充分了解象征动作，并清楚影响象征动作的意义的因素。这些因素包括其使用的地区、文化背景或者你试图影响的对象。在错误的时间使用错误的象征动作，会瞬间让原本充满影响力的交流变成无礼的冒犯。

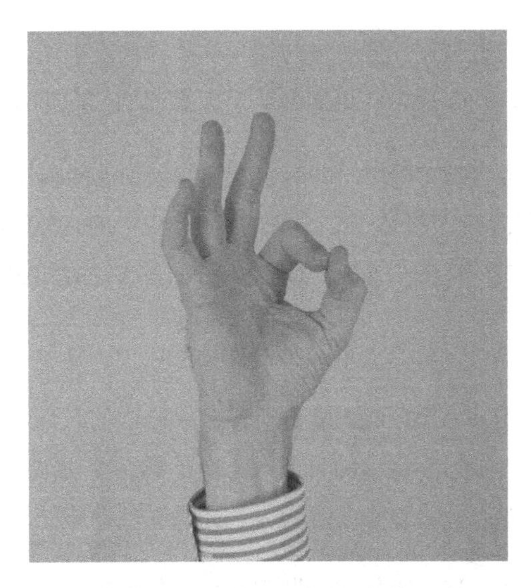

图 1-3 “一切顺利”还是贬损他人？

图 1-4 该手势的含义或友善，或冒犯，具体则取决于其使用地区

2. 演示性动作

1972 年，艾克曼博士写了一篇名为《手部动作》①的论文。该论文将演示性动作定义为“那些与演讲、措辞、内容、声调的变化，以及声音响度等时时密切相关的行为”。

① Ekman, P. (1972, December). “Hand Movements.” *Journal of Communication* 22(4), pp. 353–374.

换言之，演示性动作能够强化我们所说的话。从某种程度来说，这和象征动作有异曲同工之处。尽管演示性动作通常在更婉转、更无意识的情况下使用。

当别人说“啊哈”或者大喊“等等”的时候，你能想到他的动作是什么吗？或者当有人说“我开车一路向北，走了将近三个小时的盘山公路”时，又会是什么样的动作呢？兴许你已经想象到上述情形的画面了，因为你已经多次经历和使用演示性动作了。

3. 操纵性动作

由于紧张或不适对身体某一部分或衣着进行控制或修饰的行为，均为操纵性动作。反之，因为感到放松或者舒适而做出的类似行为也是操纵性动作。如摆弄戒指或袖口、搓手、调整扣子或衬衫以及修整头发等行为都是操纵性动作。

艾克曼博士的著作说明上述表现并非是欺骗的无意识表现。这些表现显示做这些动作的人对自己的处境、他人、被问及的问题或者周边的环境感到不适。这些表现可能会让人联想到欺骗，但是这并不意味着使用操纵性动作的人是在说谎。而这也正是我经常重申的观点。

在社会工程的背景下，操纵性动作可以帮助你了解他人舒适与否。此外，了解我们的大脑是如何感知这些信号，可以帮助社会工程师在与目标交流时，触发目标的某种情绪。

4. RSVP

我们的语言类型和内容还包含另外一种重要的象征动作。RSVP 的四个字母代表节奏（Rhythm）、语速（Speed）、音量（Volume）和音高（Pitch）。RSVP 不仅涉及我们实际的用语，还涉及我们话外的所有一切。

一个人说话的节奏可以体现他是否紧张、镇定、自信或者有其他情绪。

语速则可以表现这个人的情绪，他来自哪里，以及他对于自己所说的话有多少自信。

音量能够为所说的内容提供线索。说话的人是在悄悄耳语还是聒噪异常？这些线索可以帮助我们了解我们在与什么类型的人打交道。音量的升高可能代表说话的人有愤怒的情绪。

音高也是一个同样重要的方面，因为它可以表明说话的人是否感觉舒适。音调高昂可能出于恐惧，音调低沉则可能是因为悲伤或者对某事感到不确定。

关注诸如停顿、重复、用词或者语气的变化等方面可以帮助我们理解对方真正想表达的内容。

我们需要注意以下情况。

- 代词的变化（语言风格）：如果一个人起初使用“我”，之后改为“我们”，那么可能是欺骗的征兆。即使代词的变化并不意味着欺骗，但这却是一种很好的暗示，可以帮助我们更好地听出事情变化的原因。
- 口吃和用词重复的增加（语言风格）：这表明说话者的忧虑和压力加剧了。友情提示：由于关于口吃的界定没有一个明确的标准，我们不能判定口吃是不是该说话者说话的常态，因此要慎重判断该种情况。
- 声调的变化：声调能够体现情绪的变化。开心、反感、愤怒和轻蔑无一例外。我们可以做个实验。下次你可以严厉地看着你的狗，生气地大喊“我爱你”。之后你就会看到它会跑到一个角落里。这说明说什么不重要，但是说话的声调和表情却很重要。
- 不做正面答复：当人们不想回答问题时，他们通常会不做正面答复，来回避问题。
- 停顿：停顿体现认知负荷，往往会伴随眼部动作。简单来说，说话者的停顿是为了有所回应。对于听者来说，要看这个停顿是为了想起什么还是要编造谎言。“不要打断停顿”是一个非常重要的格言。但在很多情况下，听者会填补说话者的停顿，这或许会让说话者缓过气来，但也许听者会通过引导性问题或评论来影响说话者。

学习观察上述情况的出现，并留意这些情况是如何体现在自己的谈话中的，会帮助你成为一名沟通者和社会工程师，从而能判定交流对象的舒适度及其真实情绪状态。

对非语言交流其他方面的介绍要追溯到 20 世纪 50 年代的研究。

1.1.2 人际距离学

20 世纪 50 年代，爱德华·霍尔博士率先提出了“人际距离学”的概念。人际距离学涉及我们对周围空间的使用方式，不同的使用方式能影响人们的舒适度体验。

“私人空间”来源于人际距离学。霍尔博士的研究主要涉及以下 4 种空间。

- 公共空间：以西方文化为例，霍尔博士发现对于说话者和听众而言，4~8 米的距离是双方都能接受的合理距离。你可以回想一下上一次参加音乐会或者观看总统电视讲话的经历，就会发现一定程度的公共空间是合理的。
- 社交空间：是指适用于社交场合的空间。可以试着回想一下上一次你和家人裹着沙滩巾坐在沙滩上的场景。你能接受身边的人和你挨得多近呢？霍尔博士指出这个距离是 1.2~3 米。
- 私人空间：是指我们同家人或朋友互动时的合理距离。这个距离也适用于我们在排队时和前后的人保持的距离。这个距离的范围是 0.6~1.2 米。
- 亲密空间：是留给那些能够触碰我们，能对我们耳语，和我们亲密接触的人的距离。这个距离不到 0.3 米。

假设你在 ATM（自动取款机）前排队，身后的人和你只有 10 多厘米的距离。你往前移动，他也跟着移动。甚至能感受到他在你脖子后面呼吸。你会感到很怪异，对吧？那是因为这个陌生人侵犯了你的亲密空间。

然而，在中东的人们视美国人的亲密空间距离为社交空间距离。如果你是在当地做生意的美国人，忽视了当地这个风俗习惯，那么你会发现自己一直在交流的过程中做着后退的动作。另一方面，在一些欧洲的文化中，对于私人空间的需求同美国人对社交空间的需求相近。在与不同文化背景的人交流的过程中，理解并牢记这些文化差异是非常重要的。还是那句话，这样做能帮助你了解对方舒适与否。

1.1.3　触摸

触摸是人类体验的一部分。我们从中可以学到很多。难以想象如果我们感受不到冷、热、锋利等感觉，生活将会多么麻烦。在交流过程中，我们的触觉会极大地帮助大脑感知在交流过程中发生的一切。

同样地，触摸能够在交流的过程中传递情感，并建立信任感。位于法国瓦纳市的南布列塔尼大学做过的一项研究指出，简单地碰触一个素未谋面的人的手臂，能够将陌生人间互相帮助的概率从 63%提升至 90%[①]。

当然，其他因素也会造成影响。比如文化差异、年龄、性别以及背景。尽管如此，这项研究仍然能够使社会工程师了解到普通人之间友好的触摸对于建立和谐的氛围有多么大的帮助。如果使用得当，非语言交流的这个方面能够为社会工程师打开交流的大门。

克莱蒙特大学的宏观经济学及神经学教授保罗·扎克研究催产素。催产素是脑垂体自然分泌的一种化学激素，能让人们感受到信任。保罗教授发现让人们产生催产素的关键是一个简单的拥抱。如果方式得当的话，两个人之间简单的触碰能够释放出一种化学物质，该物质能营造出信任和谐的氛围。这两点对社会工程师来讲都是至关重要的。保罗教授在他的书中提到了这种被他称为“道德分子”的物质，他也曾在我的播客上谈论过这个主题。

1.1.4 眼神交流

你大概听说过“眼睛是心灵的窗户”。这句话很有道理，因为眼神交流是非语言交流的一部分，它会影响到我们对他人情绪状态的观察。

在图 1-5 中，哪幅图呈现的是开心的表情，哪幅图呈现的是害怕的表情？两幅图的主人公是同一位女士，但是其中的差距却显而易见。

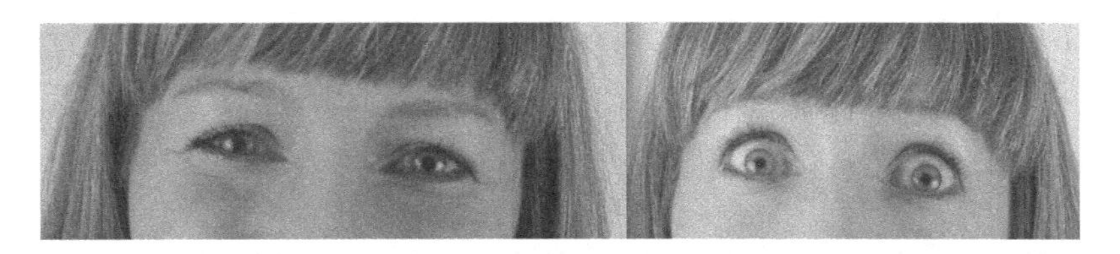

图 1-5 哪个是开心的表情？哪个是充满恐惧的表情？

在这种情况下，无需语言，甚至都不需要看其他脸部器官，只要看眼睛就足够了。因此，眼睛对于交流的重要性不言而喻。

有人认为通过对说话者目视的方向能够判定其是否在说谎，但是新的研究否定了这一

① 参见 Nicholas Geuguen 和 Jacques Fischer-Lokou 于 2003 年在《社会心理学杂志》（*The Journal of Social Psychology*）发表的文章“触觉接触及自发性帮助：自然环境下的评估”（Tactile Contact and Spontaneous Help: An Evaluation in a Natural Setting），143(6)，785-787。

说法。但我们仍然能够通过眼睛以及说话者的舒适程度发现很多事情。

眼神交流这个课题引起了我的兴趣。当别人告诉我一件事的时候，我往往会希望能更快地理解事实。所以，当他们在说话时，我常常转移自己的目光。虽然我可能表现得并不在意，但却是在积极聆听。不过，同我讲话的人大概不会这样认为。即使我并不是想骗人或者表现得鲁莽，但是从文化角度上来说，双方谈话时有一定的眼神交流是必要的。

有意识的眼神交流对社会工程师而言非常有利。然而，也不要盲目地认为凡是转移目光的人都是在说谎。需要注意的是那些目光有很大转变的人或者是那些在说话时不能正视你的人。关注一个人不适的情况对解读他的情绪状态有很大帮助。

在同艾克曼博士的一次谈话中，我问到了眼神交流的重要性。他说："根据情境的不同，眼神交流会有很多不同的含义，比如维护地位、暗示他人，或者表明某人在说谎。如果有谁认为转移目光就是说谎，那就大错特错了。"

1.1.5 嗅觉学

嗅觉学研究的是气味和非语言交流的关系。我们的身体会将一定的气味同情绪和感觉联系在一起。气味能够极大地触发人们对人、事、物的回忆和情感。

回想一下烹饪你喜欢的食物的情形。当你闻到那个味道时，会发生什么呢？反之，当你闻到曾经让你感到恶心甚至作呕的味道时，又会发生什么呢？单是想一想都能让你厌恶地皱起眉头吧。

气味是一种强大的力量。信息素能够吸引异性，甚至诱发其他情绪，比如恐惧。

那么气味对于社会工程师而言有何重要意义呢？我们的嗅觉体验是很重要的。浓烈的香水或者古龙水对有些人是一种冒犯，体味同样意味着不敬。因此社会工程师绝不能让他的目标对象遭受体味的冒犯（除非该目标对象对此不以为然）。

1.1.6 着装

看看你是否能回答以下问题。

- 一个身穿棕色衬衫和棕色休闲裤、头戴棕色棒球帽的女人开车来到你的办公地点，送了几件包裹。她是做什么工作的？
- 一位穿着红蓝相间衬衫的年轻男士在你的住所前停下，手里拿着方形的盒子。他是做什么工作的？
- 一位男士，上身穿带有姓名标识的衬衫，双手沾满油污，头戴棒球帽。他又是做什么工作的呢？

你或许能猜出上述分别是 UPS 公司的快递员、送外卖披萨的以及机械师。为什么呢？因为你看到了他们的着装。穿着、珠宝、妆容甚至发型都能帮助我们将不同的人区分开来。这一切都无声地向他人介绍了我们自己。

有一次，我需要在不损坏栅栏或者使用工具开锁的前提下“闯入”库房，同时我还得说服工作人员心甘情愿让我进入库房。于是我穿了一件印有自己“名字”的衬衫，戴着一顶与之较为相称的帽子，走向库房。我对工作人员说我是他们的废弃物处理公司的工作人员，需要检查他们的垃圾压缩机。没有人向我要身份证件，也没有人打电话给地方办事处进行确认。为什么？因为我的服装，以及我所说的话能与着装匹配，所以没有人拦我。

我曾经在采访电台节目主持人汤姆·米施克的时候问他是怎么得到现在的工作的。他的工作源于他曾经给地方广播电台打的一个恶作剧电话，他假扮成某些人物角色。最终这些人物角色在他的所在地区家喻户晓。于是他安排接电话的时间并为听众表现这些人物角色。他告诉我他会花时间琢磨每一个角色，甚至会思考每个人物会如何着装。这个故事让我们看到装饰或着装对于社会工程师是多么重要。一群通过实验研究“着装认知”[①]的研究人员更是着重强调了这一点。

他们向志愿者展示了两件白色外套：一件是医生常穿的白大褂，另一件是画家常穿的白色外套。第一个实验是要了解志愿者们如何看待这两件不同的外套。大多数参与试验的人觉得医生的白大褂表现出了专心、专注、谨慎和责任感，而画家的白色外套则无法体现出上述特点。

---

① 参见亚当·H. 加林斯基于 2012 年在《实验社会心理学》（*Experimental Social Psychology*）杂志上发表的文章 Enclothed cognition（着装认知）。数字对象标识：10.1016/j.jesp.2012.02.008。

这些研究人员做了一些实验。最初他们让参与者穿上白大褂，看是否有所差别。之后他们还改变了白大褂代表的职业。这项研究的趣味之处就在于两件衣服是相同的，只不过研究人员通过命题让它们有了不同的角色意义。

实验证明他们的假设是正确的。下面再次引用他们的研究以及由他们首次提出的“着装认知”的概念。

> 最新研究为着装认知的观点提供了初步支持。着装对于穿着者有着深远的、系统的心理和行为上的影响。在实验1中，身着白大褂的参与者较穿便装的参与者表现出了更多的选择性注意力。在实验2和实验3中，我们发现了一个有力的证据，那就是着装的影响取决于其是否被穿着以及它本身的象征意义。当一件衣服与医生联系在一起，但是在没有被穿着的情况下，它并不能吸引持久的注意力。当这件衣服被穿着但是没有和医生联系在一起的情况下，同样也不能吸引持久的注意力。除非（a）参加者穿着白大褂，并且（b）这件白大褂是和医生联系在一起的，这样才能吸引持续的注意力。这表明着装认知的基本原则是：服装的象征意义和身体穿着体验的共存（亚当·加林斯基）。

上述对着装及装饰的力量的总结为社会工程师指明了两条原则：首先，选对着装；其次，通过自己的着装来影响目标对象对自己的看法。

1.1.7 面部表情

第5章会更深入地讨论这个主题。面部能够透露出我们很多的感受，无需片言只语，就能讲述一则完整的故事。正如我在《社会工程：安全体系中的人性漏洞》一书中所提到的，学习解读面部表情能显而易见地提升我们的交流能力。根据艾克曼博士的研究，本书第5章讲的全部是关于解码面部的内容，会告诉你每个表情看起来是怎样的，以及它们对你有什么样的意义。

许多人认为应当只关注面部，或者只关注身体，还有人认为应当只关注手部。但是，和艾克曼博士共事多年，我学到的最关键的一点就是，解读人心需要全面考量。面部可以表现情绪，但是它可能与你从身体以及手部看到的信息、通过耳朵听到的信息不一致。学习全面地解读人心是一种才能。对于社会工程师来说，成败的关键可能皆在于此。

以下是从艾克曼博士的著作以及《社会工程：安全体系中的人性漏洞》中提取的习题，会帮助你更深刻地认识到上文提出的观点。根据图 1-6 的图示，试想这些图片分别表现了何种情绪。

图 1-6 这些图片分别代表了怎样的情绪？

能够解读这些情绪并因此了解他人的感受是什么（注意我说的是“是什么”而不是“为什么”），可以帮助我们调整接近交流对象的方法或者开场白，从而让我们变得更有吸引力。

你大概不想与右下角的男士为敌。在同第一排左边第二位女士打交道时，你或许需要表现得更谦卑一些。如果看到第一排左边第三位的表情，你会想找到让他觉得厌恶的东西是什么。这样就抓住了重点：观察面部表情能帮助你调整接近对方的方式。

多年的研究证明上述表情是通用的。基本的情绪跨越了性别、文化、种族以及人口统计特征。我们都以同样的方式感受和表达这些情绪。当然，这些情绪的改变也取决于同一类情况。

1.2 如何使用本书的信息

本书接下来的内容对相关主题进行了更深入的挖掘。你会了解到作为一名社会工程师、沟通者以及个人，如何通过这些线索对身边的人有更好的了解。

就自己而言，我发现研究这些让我兴趣盎然。我能够在房间里看出谁可能在伤心或者愤怒，这让我对家人、朋友和他人有了更深的了解。脱离社会工程师这个角色片刻，我发现这些信息启发了我，因为它们让我变得更善解人意。我把思考问题的角度从询问“为什么她对我那样说话”或者“他为什么那么做？我做错了什么”，转换到将“我”这个字从这些问题中去除，进而开始理解说话者的感觉。这样做让我明白这不是关于我自己一个人，就像我的好朋友罗宾·迪克尔说的“这关于理解他们”。

举一个简单的例子来说明这样做的强大力量。之前我在希斯罗机场等候海关检查。当时一共有 27 个柜台，却只有 3 个人在工作。紧张的情绪在等候的队伍中蔓延。之后两名工作人员去休息，只留下一人工作。某个显示屏发布了一条消息，称乘客对于工作人员的投诉可以帮助他们提升工作质量。

我在无意中听到一些人在向一个经理模样的人投诉。我得承认，我当时也非常激动。我需要搭乘另一个航班，航班还延迟了。我上下打量着那个经理，思索着什么时候走过去“提交我的投诉”。只见他悠闲地走下楼梯，像是刚刚结束休息。之后我改变了想法。因为他的双拳紧握，甚至能看见白色的关节。他下巴紧收，双唇紧闭，手臂僵直，步履沉重。看到这一幕，你会作何感想？

他不只是愤怒，而且被激怒了。我不知道为什么会这样，但是我想如果我要投诉的话，他不是那个合适的人选。而现在，也不是合适的时间。对肢体语言和面部表情的了解使我免铸大错。

当我走到前面时，我听到他对同事说：“他凭什么在我的国家这样对我说话？！要知道他在这里不过是一个游客。他的特权是可以被免除的！”

毫无疑问，现在我得出了他怒火中烧的结论。那么我小小的抱怨将不能“提升他们的服务质量”，反而会给我自己带来麻烦，比如误机，或者更大的麻烦。

正如这个简单的故事所表明的，一旦我们敞开胸怀去理解他人，比如理解是什么让她做出选择，为什么她做出这样的反应，为什么她说出或者做出那样的事情，我们就会真正地理解她。这使我想起我最近的另一次经历，一次考虑不周的经历。我的话伤害了一个亲密的朋友。当她和我说起这件事的时候，我觉得自己受到了攻击，进而激起了自己的防御状态。我以自己为中心，表现了自我保护的态度。请注意上述几句话中充斥着“我”这个字。这就是说我关注的是我自己的感受，而不是我朋友的感受。

不久之后，我又见到了这个朋友。虽然有点紧张，但是能再次见到她我很开心。她看起来很伤心。她没有生我的气，但是很伤心。当我走近她的时候，她的髋部和脚尖都离我很远。我们彼此寒暄。我不太清楚当时发生了什么，但是不久后我反思了当时的情景。她脸上表现出来的悲伤以及她的肢体语言都表明她感到不适，并且想回避我们当时的交流。

为什么要和你分享我犯的这个错误呢？因为了解如何读懂人心让我在这样的情境下看出我不是激怒了我的朋友，而是伤害了她。起初她可能觉得气愤，但是最后我给她留下的是伤心。这消除了我的自我保护需求，让我意识到自己的所作所为及其对朋友的影响。

能够做到辨别、解读真实的情绪并作出反应是很强大的力量。但是任何强大的力量都需要使用得当。艾克曼博士的著作《情绪的解析》[1]中的一段话能够非常好地概括我想说的话。关于解读他人的情绪，他是这样说的：“通常最佳的做法是对你所看到的保持沉默。提防可能发生的事……如何回应取决于你和对方的关系，过去如何，未来可能会如何，以及你对对方的了解。你无权就所察觉到的情绪进行哪怕是非常模糊的评论。”

言之有理，你说呢？

1.3 总结

考虑到我们在交流中有很大一部分信息并不是通过言语传递，而是通过面部、身体、双手、脚以及腿来传递的，我们应当用足够多的时间去了解非语言交流。但是为什么要通过一本关于社会工程的书来了解呢？

诈骗犯、行骗高手以及社会工程师长期使用这些技能。他们能够与他人建立和谐的关系，能够看出目标何时被引诱，何时被套牢。本质上，他们都能解读目标人群释放的非语言信号。

---

① Ekman, Paul. (2003). *Emotions Revealed: Recognizing Faces and Feelings to Improve Communication and Emotional Life*. New York: Times Books.

作为一名社会工程专家，我发现了解这些信号是非常重要的。并不是说因此我能够利用它们给自己找借口，而是因为我能够通过解读这些信号了解目标对象的情绪状态，并判断自己的表现。

在我们讨论细节之前，要先讨论什么是社会工程以及为什么需要提防与其相关的恶意使用。

第 2 章
什么是社会工程

“启蒙不是对光明的想象，而是对黑暗的觉知。”

——卡尔·古斯塔夫

我将社会工程定义为能够影响人们的一种特殊行为，受其影响，人们会去采取某种可能（也可能不是）对其自身最为有利的行动。正如第 1 章所述，我曾经受雇在不使用暴力的情况下潜入库房。为了完成这项工作，我采用了社会工程的方法。比如通过寻找托辞和模拟身份的方式，从三到四个不同方面施加影响。我的意图是测试公司的安保状况，以及员工是否能够依照相关规范行事。在进出口、摄像机位，以及可能会招致罪犯日后破门而入的其他地方，我也拍了照片。典型的一种情境如下。

我驾车来到库房，按响了前门的对讲机按钮：“你好！我是废弃物处理公司的保罗，来检查一下你们垃圾压缩机的编号。”

门嗡的一声慢慢打开，我进入库房内部，看到一个从地面到天花板都是金属的陷阱式结构。一个保安探出头来说道：“请稍等，巡视员会过来陪您进行工作。”

几分钟后，巡视员罗伊出来接待我。那个看起来不祥的陷阱式结构让我的头嗡嗡作响，之后我被带到了保安的办公桌前。他向我索要身份证件。我看看他，又看看这个陷阱式结构，说道："我把钱包落在车里了，但我有公司的身份证件，这样可以吗？"保安复印了我的身份证件，并给了我一个徽章。之后，罗伊带我来到了压缩机旁。

看了几秒钟之后，我说："你们真走运，编号不在名单上。"

罗伊问："什么意思？"

"发动机不错，压缩机现在处于最佳状态。"

在往回走的路上，我忽然大叫道："该死！我把手机落在压缩机上了，我得回去取一下。"

几分钟后，我在办公室见到了罗伊。我们握了握手，我将访客证件还给他，之后离开了大楼。

这次经历收获颇多，除了证明该公司确实需要更有效地执行安保政策之外，我还轻松地用手机拍下了很多关于大楼重要位置（安保摄像机位置、出入口位置以及重要货物存储地点）的照片。

社会工程并不总是涉及诡计和欺骗。相反，它更多地与我们每天的社交方式有关，比如我们如何交流和谈话，以及如何让对方了解我们的观点。

在我的第一本书《社会工程：安全体系中的人性漏洞》中，我分析了成为社会工程大师所需要的身体素质、心理素质和个人素质。我并非想重复那本书的内容，而是想在这里就一名社会工程师会用到的技能和方法做一个概述。

请牢记，对于一名社会工程师来说，成为目标对象中的"一员"至关重要。"一员"可以是工作场所、信仰、衣着、音乐——任何能将人们聚集在一起的事物。你若能利用以下概述的技能，那么你就能成为目标对象中的"一员"。一旦成功，收集信息和获得访问权限对你来说就会简单许多。

2.1　收集信息

信息对于社会工程师的意义就如血液之于身体。社会工程师掌握的信息越多，他得到的媒介（或者说渗入的方法）就越多。他对目标对象了解得越多，对目标对象的优劣势也就能了解得更清楚。

关于采集信息的方法，既可以通过互联网收集信息，比如谷歌和 Maltego（互联网情报聚合工具）；也可以亲自采集，比如拍照、定位以及诱导。

如今，互联网的力量让信息采集变得更简单，这也意味着社会工程师能够获得更多的数据。了解如何分类和储存这些信息至关重要。我对目标对象进行了一个名为 DAP（详细行动计划）的实践。其中包括针对目标对象发现的信息，观察到的态度或行动以及这些信息是如何收集到的。之后将我想使用的媒介与这些信息相互关联，使其成为针对每个目标对象的行动计划。

社会工程师及慈善家约翰尼·朗曾是一名道德黑客，他开发了早期的谷歌黑客数据库。这个搜索器可以在谷歌上运行并找到形形色色的信息。在过去的几年里，Offensive Security 公司的人们接管了这个项目。

除了上述工具外，还有如 Maltego 的工具。它允许你收集他人、网站或者公司的数据，并能将这些数据以图解的方式进行标示，以方便阅读和使用。

近期我发现谷歌地图和必应地图也非常好用。当我们将地点放大到足够大时，就能在这两个网站上看到这个地点的“街景”。如果在接近某个建筑物或者地点前，你已经了解到它的布局、防护措施、摄像机位置等，就会大大节省现场考察的时间。

然而，对于社会工程师来说，收集信息的经验法则就是“所有的信息都是有用的”。即便是很少的信息也可能对全局的成功起到很大的作用。

2.2 托辞

我们在使用托辞的时候会将自己扮演成相应的人，并做出相应的事。这个过程从某种程度来说像是体验派表演方法。我们会变成自己佯装的人。穿着、身份证件、肢体语言以及知识都可以让托辞变得可信。

在本章最初举的那个例子中，我的托辞是自己是“废弃物处理公司的员工”。为了成功实行托辞，我还需要做一些计划。我得确保自己的着装能让目标对象相信我就是我所说的那个人。正如我在第 1 章谈到“着装认知”时所说的，我要借助自己的着装成为我所说的那个角色，并传递出正确的信息。

我的身份证件很逼真。我的肢体语言需要暗示一个“蓝领”身份，而不是高管身份。我还需要了解一些相关知识让自己的托辞更完善。我需要知道垃圾压缩机的相关内容，编号的位置，我要找的是什么，以及任何我的“工作”需要的工具。

同样地，托辞不一定总是亲力亲为。在我教授的“五日课程”中，每晚我会让学生出去收集一些公共场所的人们的信息。这样是为了让他们能够通过使用这些技能去和他人建立和谐和信任的关系，进而快速完成信息的分享。在一堂特殊的课上，我让一组学生在他们的酒店房间集合，佯装呼叫中心进行信息收集。

无论是亲历而为，还是通过电话或者邮件，社会工程师的托辞需要包含着装、语言、措辞、声音以及沟通方式所涉及的每一方面，要向目标对象证明自己就是自己所说的那个人。

2.3 诱导

诱导的艺术在于并不直接询问对方问题，而是通过平常的对话获得信息。诱导需要你与目标对象（见 2.4 节）就他的生活、家庭和工作进行交谈。你与他建立融洽的关系，让他喜欢你，对你敞开心扉，并提供你所需要的细节信息。这是一个简单的例子，但却是社会工程中最重要的方面之一。

在本书的最后，我将用大量的篇幅论述非语言交流对诱导的影响。非语言交流能助你成为一名诱导的高手。

2.4 密切关系

我的好友、作家罗宾 · 迪克尔在他的书《那不是“我”的一切》（*It's Not All About* “*Me*”）中对建立密切关系的技能进行了定义和论述。他能迅速教会任何人以最佳的方式获得他人的认可，并营造信任的氛围。这种信任感会让他们彼此交谈并说出可能很有价值的信息。这种信任也可能让某些人采取行动，比如点击一个恶意的链接，或者对社会工程师放行。

密切关系是指当某人敞开心扉，愿意信任你并分享他们的生活信息时，你所感受到的亲近感或者信任感。罗宾将建立密切关系的方式分解为以下 10 项。接下来让我们快速浏览一下。

- 人为时间限制：让别人知道你不会“打扰”他们很长时间。
- 匹配的非语言行为：确保你的非语言行为和你说的话是匹配的，否则会令人生疑。
- 放慢语速：慢点说话就不会表现出紧张的情绪。
- 打同情牌：使用有力的语言，如“您能帮帮我吗”。
- 自我抑制：暂时延迟自我意识而去认可他人是正确的，即便他们不是正确的。
- 包容：用温暖和真诚包容他人，以及他人的知识和技能。
- 询问“怎么样”“什么时候”“为什么”：询问能够引出更多回应的开放性问题。
- 让步条件：可以稍稍释放一些信息让对方感觉舒适，进而分享他们的信息。
- 互惠互利：予人玫瑰，手有余香。
- 调控预期：不要贪心，事情不妙时要进行调整。

以上 10 项内容非常有效，做为一名高效社会工程师，必须掌握这些技能。

2.5 影响/操纵

我认为所谓“影响”就是让别人做我们想让他做的事，也就是说，要让目标对象自愿认为你想让他们做的事也一直是他们所想的。

关于这个主题，罗伯特·西奥迪尼博士是最伟大的思想家之一。他终身致力于影响力及其影响方式的研究。罗伯特·西奥迪尼从以下 8 个方面对影响力进行了定义。

- 互惠互利：会让人在感到受了恩惠后主动泄密。
- 义务：会影响人们基于感情而去做某些事，无论是否是因为社会规范的原因而要去表示感激，还是感到我们亏欠别人什么。
- 让步：允许别人问你一些小问题。做出让步并回答一些基本的问题会让目标对象回答更重要的问题。
- 不足：当人们确信问题中的事项或信息很难获得，数量不多，或者可能永远消失，那么该信息就变得稀有，变得更有价值。
- 权威：利用了我们天生的听从指挥，尤其是那些地位高的人的指挥的本性。

- 坚持和承诺：如果目标对象开始进入一种状态后，就会涉及对该状态的坚持和承诺。当她想保持自己的反应的一致性时，就会有一种自己要继续给出一致的答案的感觉。
- 爱好：人们喜欢那些喜欢他们的人。如果我们的目标对象感到自己受欢迎，那么作为回报，他们也会喜欢我们并向我们提供我们需要的信息。
- 社会认同：如果别人都这样做，那么这样做就是正确的。这个原则就是利用了人们的从众心理。

学习掌握、理解和使用上述 8 项原则，就能使你成为一名社会工程大师。操纵与影响力差别不大。尽管精确地区分二者是很重要的，但是事实上，当我们分析操纵行为的时候，就会发现操纵行为和影响力非常相似。影响力是让人们做我们想让他们去做的事。操纵行为是让人们去做他们本不想做的事。

事实上，当你想影响他人的时候，通常就是想尽量让他们觉得因为见到你而感觉更好；而当你操纵他人时，你就不再关注他们的感觉了。不管客体有何感受，得到你想要的东西就是你的目标。

作为一名社会工程师，我尽量不施加操纵行为，因为这会让我的客户感到不适，还会破坏我们的关系，让我的客户心扉紧闭。相反地，我常常努力影响客户，因为这样能让他们拥有一个开放的心态接受建议、培训和改变。

有一个很好的例证，就是我的一个好友告诉我，操纵行为就好比让我们的孩子接受他们所需的肌肉注射。药物会让他们感觉好起来，但是肌肉注射会有些痛。作为一名专业的社会工程师，无论我是怎样获得信息的，都会让对方“有些痛”，而我的目的则是利用客户能接受而且疼痛最小的方式来增强其安全感。

2.6 框架

就像一个房子的框架是它的基础结构一样，一个人的框架就是她的情绪、心理以及个人和家庭史。是什么促使她以她的方式去思考、行动和谈话？这些动机就是一个人的框架。

一个人的人生经历会改变她看待周围世界的角度以及她对各种事情的反应。如果社会工程师能够了解到一个人的框架，那么他就能在他自己的框架和目标对象的框架间架起一座桥梁。

最简单的方式就是找到双方的共同点，之后建立亲密关系。这样做能够更容易地建立起彼此框架的桥梁。一旦该桥梁建立，目标对象和社会工程师就成了彼此队伍的“一员”。这样从目标对象那里收集信息就变得更容易了。

2.7 非语言交流

第 1 章详细描述了何为非语言交流（nonverbal communication，也被称作 nonverbals）。正如我在自己的第一本书中所说的那样，非语言交流从根本意义上改变了我们对社会工程的看法。将非语言交流同之前描述的其他方面结合起来，任何人都能成为充满魅力的社会工程师。

非语言交流占据了我们交流的大部分。我们所说的话或肯定或否定，都是由我们怎么说以及我们说话的时候看起来怎样决定的。社会工程师若能察觉、分析并解读微表情、宏表情、微妙的微表情、会话信号以及肢体语言，就能理解目标对象的情感组成。

如果在接触目标对象之前能够预先了解其情绪状态，我们就能转变接触方法、开场白以及提问的方式，以及谈话类型。

我的第一本书对于非语言交流只做了肤浅的研究，仅仅介绍了基本的面部表情。在保罗·艾克曼博士的帮助下，我在本书中深入地阐述了面部、手部、肢体、腿、躯干和情绪的关系。本书会向你介绍这些部位是如何帮助我们洞悉目标对象情绪的。

首先我们需要讨论非语言交流是如何在不同类型的社会工程中发挥作用的。

2.8 社会工程的三种基础形式

社会工程有三种攻击形式。了解这三种形式的差别很重要。因为非语言交流在这几种形式中都能发挥作用。接下来就让我们来了解一下这三种形式：网络钓鱼[①]、电话诱

① 本书作者另一新作《社会工程卷 3：防范钓鱼欺诈》也即将由人民邮电出版社推出，敬请期待。
——编者注

导以及身份模拟。

2.8.1 成为网钓客

社会工程中使用最广泛的形式就是网络钓鱼。也就是群发或者有针对性地发送包含恶意文件、链接或者指令的邮件。如果用户点击、打开这些邮件，或者按照这些指令去做，就会造成破坏、资料丢失，以及很多其他损失。

钓鱼邮件是普遍存在的。有组织声称每 300 封邮件中就有 1 封邮件是钓鱼邮件。这个数量甚至还不能完全包括有针对性攻击的钓鱼邮件。当社会工程师将某人锁定为目标时，他就会进行钓鱼式攻击——向目标发送包含其个人喜恶的非常个性化邮件。他也可能使用被称为“捕鲸”的方式，就是将定向钓鱼邮件发送给更引人注目的目标，如大银行的首席执行官。

无论采用何种方式，社会工程师都会在邮件中利用收件人恐惧、好奇或畏惧的心理促使收件人做出并不符合他们最佳利益的行为。

让我们看一封钓鱼邮件，并分析为什么这是一个有效的战术。最近钓鱼邮件在 Facebook 上传播得最为广泛。Facebook 拥有十亿多用户，自然也是钓鱼邮件的目标。请看图 2-1。

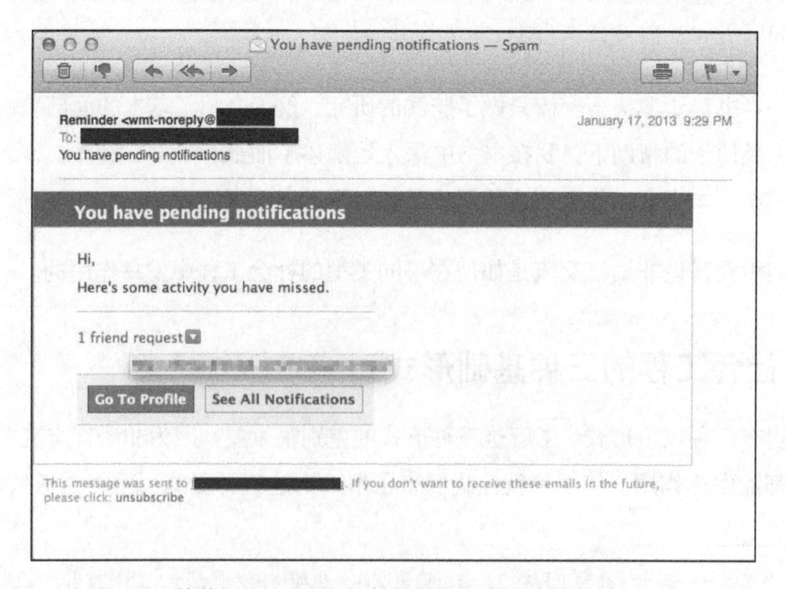

图 2-1 伪装 Facebook 发邮件是最流行的钓鱼攻击方式之一

我们需要注意这类钓鱼邮件有着一些关键特征。首先，它们是可以收发的，看起来和真的 Facebook 邮件一样，有着一样的设计和颜色，看起来简单恰当。此外，标题栏也是从真正的 Facebook 邮件中窃取的。如果满足以下各项内容，那么这封邮件就是虚假的。

- 发件地址不是 Facebook。有时社会工程师会用 facbook.com、faceboook.com 或者 Facebook.co 发送邮件，而人们往往会忽视这些小的变动。
- 问候语很简单，只是说“你好”。而通常情况下问候语应该包含姓名或用户名。
- 通常被人们忽视的最大线索是链接。当我们把鼠标滑到链接处时，我们看到的网页不是 Facebook，而是社会工程师的网站。
- 这封特定的邮件相当智能。无论是链接、按钮还是退订链接都会将目标导向恶意网站。

另外一个严重的恶意网络钓鱼的例子是伪造 PayPal 邮件，如图 2-2 所示。

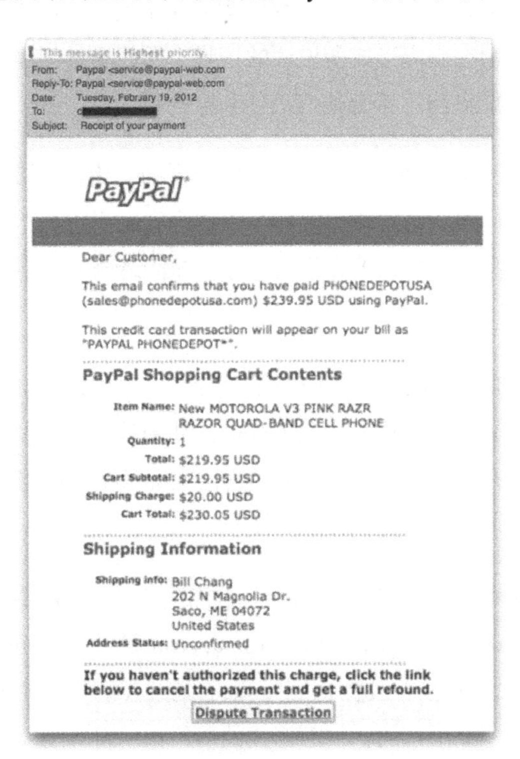
This message is Highest priority.
From: Paypal <service@paypal-web.com
Reply-To: Paypal <service@paypal-web.com
Date: Tuesday, February 19, 2012
To:
Subject: Receipt of your payment

PayPal

Dear Customer,

This email confirms that you have paid PHONEDEPOTUSA (sales@phonedepotusa.com) $239.95 USD using PayPal.

This credit card transaction will appear on your bill as "PAYPAL PHONEDEPOT*".

PayPal Shopping Cart Contents

Item Name: New MOTOROLA V3 PINK RAZR RAZOR QUAD-BAND CELL PHONE
Quantity: 1
Total: $219.95 USD
Cart Subtotal: $219.95 USD
Shipping Charge: $20.00 USD
Cart Total: $230.05 USD

Shipping Information

Shipping info: Bill Chang
202 N Magnolia Dr.
Saco, ME 04072
United States
Address Status: Unconfirmed

If you haven't authorized this charge, click the link below to cancel the payment and get a full refound.

Dispute Transaction

图 2-2 PayPal 经常受到钓鱼攻击

因为这些邮件的攻击对象是我们的钱包（或者我们相信是这么回事），所以会影响到我们的生活。由于担心有人趁虚而入偷走我们的钱，我们会在点击链接后，迅速登录账号进行核实，可这恰恰正中了攻击者的下怀。虚假网站、登录系统以及设置演示可以获取我们的登录凭证。当攻击者获得这些凭证后，他会登录，然后就会做出让我们惊恐的事——偷走我们的钱。

在网络钓鱼中运用非语言交流

起初，你可能很难想象在书面语中是如何使用非语言交流的。然而，考虑到框架能够支撑起人们的精神和心理之“家”，情况就不同了。社会工程师需要通过改变框架，使目标对象在社会工程师的框架内去思考、感受，并给出相应的反应。这个过程叫作框架桥接。一个人在他和另外一个人的框架间“搭桥”，进而让另外的人能够在“桥”的中间和他相见，或者通过“搭桥”使得双方找到共同的兴趣点。

框架的主要规则之一就是我们所有的话都能激活这个框架。我们的大脑是通过情境进行思考的，所以我们会在脑海形成所说话的场景。那些场景创建了情绪反应。正是这些反应让目标对象可能做出不符合他们最佳利益的行为。

一名蓄意攻击的社会工程师会触发目标对象的一系列情绪。比如通过邮件让目标对象执行操作。大多数时间里，蓄意攻击的社会工程师会利用恐惧（损失、盗窃等）或悲伤（与同情以及“帮帮我”的恳求联系在一起）的情绪诱导目标对象做出该社会工程师需要的反应。

类似于“请于 24 小时内完成，否则您的账户会被暂停”的陈述会诱发恐惧的反应。因为想到你的账户在未经你许可的情况下被他人使用的可能性，你会出于恐惧做出相应的反应。这个反应是由言语引发的，那些言语在你的脑海中形成了一幅画面，进而激发了你的情绪反应。

此外，表情符号在文本、电子邮件和即时消息中的使用越来越多。奥黛丽·尼尔森博士是 *The Gender Communication Handbook: Conquering Conversational Collisions Between Men and Women* 一书的作者。在这本书中，她谈到了表情符号在书面沟通中的使用。她将表情符号定义为“非语言的、书面形式的情绪指示符”。

以下哪种表达能让读者觉得友好?

- ❑ 哇!看来你没有想清楚!
- ❑ 哇!看来你没有想清楚!☹
- ❑ 哇!看来你没有想清楚!☺

因为使用了笑脸符号,所以第 3 句的表达内容变成了调侃而不是批评。针对目标对象的情绪可以影响到其对消息的反应。表情符号通常不会在诱发恐惧的邮件中出现,但是会在那些装作是由朋友(比如 Facebook 好友)发来的钓鱼邮件中出现;或者,也可能出现在伪装成由潜在恋爱对象发送的邮件中,如来自知名交友网站的邮件。在这些情况下,表情符号用来彰显发件人的开心、友好和开朗。

2.8.2 比恶意软件更危险的电话诱导

为什么电话攻击的数量与日俱增呢?首先,来电显示欺诈既经济又容易。欺诈号码可以与你真正打出的号码并不一致,也就是说社会工程师可以伪造任何他想伪装的电话号码。他可以让接电话的人认为自己接到的就是技术支持公司、供应商甚至美国总统的电话。来电显示欺诈能够迅速营造出信任的氛围,因为电话号码"证明"了呼叫者身份的真实性。

其次,打电话很容易。社会工程师不必亲临现场,甚至不需要在同一个国家,就能利用电话进行信息采集。在进行一些练习之后,他就能制造出令人信服的故事情节,并与目标对象建立起适度的信任关系。

在一次工作中,我们使用了三重攻击。首先,向目标公司的员工发送了钓鱼邮件,说是可以免费领取 iPhone 5 手机(当时苹果公司的最新款手机),条件是需要这些员工使用他们的域登录凭证填写一个表格。最终,数以百计的员工填写了该表格。

其次,我们打电话给这些员工并告诉他们成为了钓鱼邮件的受害者。在我的托辞中,我是技术支持公司的"保罗"。我告诉这些员工,说他们的电脑被安装了跟踪器,所以我需要他们运行一个可执行文件卸除这个跟踪器。这个可执行文件并非清理工具,而是一个可以远程操控他们电脑的恶意软件。在我打出电话的当天,有 98%的人在没有问我任何问题的情况下按照要求执行了操作。我只是简单地告诉这些人,我是技术支持公司的工作人员，我们需要继续完成之前的工作。

在20世纪60年代，心理学家斯坦利·米尔格拉姆曾通过一个实验来测试人们对于权威的敏感性——甚至当那些权威违背了他们的道德判断时。当参与实验的一部分志愿者回答错误时，另一部分志愿者就被要求对这些人施行电击。随着被电击者痛苦的增加，实验旁观者自身的不适感也在不断增加。然而，“研究者”在接到指示后对大家说：“实验仍需继续，请大家配合。”

第二重攻击过程与这个著名的服从实验很像，我一直在强调“我们必须清理系统”“如果不这么做，网络就会出更大的问题”。在说这些话时，我充满了自信和权威性。

对于渗透测试来说，需要论证的点已经得到了答案。当时电脑已经下载了恶意软件，所以我的团队和我想再做一个测试。我以按照要求运行了可执行文件的公司员工的身份给技术支持公司打了电话，告诉技术公司我的VPN（虚拟专网）的证书被删除了，我需要进行恢复。获得这个证书的信息可以让我进入网络中最重要的部分。

我们的通话是这样的。

“您好，我是技术公司的西尔维娅。请问有什么可以帮您的？”

我仿冒了公司员工的电话号码，说道：“你好，我是詹姆斯。我刚刚在我的电脑上下载了一些不该下载的东西。在运行杀毒软件后，我的VPN证书也被删除了。请问能再给我发一下证书吗？”“当然可以。请告诉我您的全名。”“詹姆斯·史密斯，可以叫我吉姆。”“吉姆？史密斯？”“是的。”“你难道没有听出我的声音吗？我是西尔维娅啊。”

我不得不快速思考，因为我不知道他们两个人是什么样的关系。可能一句话就暴露了我的身份。“对不起，西尔维娅。我太紧张了。我点击了钓鱼邮件，让我的电脑下载了讨厌的软件。我努力清理电脑的时候，那个软件把我的电脑搞得一团糟。我现在头昏脑胀。我想应该是感冒了，嗓子有点不舒服。除此之外，我还弄丢了我的VPN证书。原谅我吧。能帮帮我吗？”

“瞧你说的，吉姆。我这就恢复证书。”

几秒钟后，我拿到了通关的“钥匙”。为什么一切可以进行得这么顺利呢？因为我的电话号码、名字和理由都是正确的。这一切都毋庸置疑。

在电话诱导中使用非语言交流

微笑会让你听起来很开心。根据 Scharlemann、Eckel、Kacelnik 和 Wilson（2001）的研究，微笑会让我们给予并收获更多的信任。实际上，即使我们看不到微笑，也能感觉到它。在他们的论文“The Value of a Smile: Game Theory with a Human Face”中，他们是这样说的：“微笑能够提升陌生人间的信任度。尽管照片中的人是同样的人，但是受试者更愿意相信那些展露笑容的人。”

除了微笑外，身体姿势、手势、声调、音量、语速和音高都会影响电话另一边的人对我们以及我们所说的事情的感受。这些因素都是能够提升我们对目标对象影响力的非语言交流方式。

当我在第二重攻击中将自己伪装成技术支持代表时，我的声调要显得专业而不是紧张。即便目标对象看不到我的脸，但是他（她）能“听”到我的笑容。这个笑容有助于建立信任感。我的姿态也要让人感到权威。

当我在第三重阶段假扮员工给技术支持公司打电话时，为了让我的说辞更可信，我的脸要表现出恐惧，音量、音高和语速都要更低、更慢。我的非语言行为必须要传递出这种信息：“对不起，我搞砸了，请帮帮我。”我通过改变面部表情来让情绪和身份匹配，进而让自己的托辞更为可信。

甚至连我们的坐姿和着装也能影响到电话另一边的听者对我们语气的感知。在社会工程网站第 34 期简讯中，我谈到了研究人员亚当·加林斯基进行的关于着装认知的实验。这个研究揭示了我们对于着装的感知会影响我们如何处理被要求去做的任务和工作。

这个实验进一步证明了着装、非语言行为等会影响目标对象对我们语气的感知。正如前面所说的，由于心理原因，同样的衣服会因为受试者表现的不同而拥有另外的含义。因此，我了解到自己在工作中的穿着能够（也将会）对我的行事方式造成影响。

2.8.3 我不是你想象的那种社会工程师

在电话和网络问世之前，人们是需要亲自实施诈骗诡计的。从把埃菲尔铁塔卖了数次的维克多 · 卢斯蒂格到街头骗子，面对面行骗自古以来就是社会工程中常用的伎俩。

近年来，在一个又一个的故事中，犯罪分子都在用着假冒的方法哄骗人们去做自己本不该做的事。比如，在美国，一个男人说服他的一些兄弟去抢银行。在实施抢劫前，这个男人假扮自己是联邦便衣探员兼顾客进入该银行。当他的朋友开始抢劫时，他制止了他们的犯罪行为，挽救了整个局面。他对罪犯实施了"逮捕"，并拿走了所有的钱当作证据。当他带着犯罪分子和装着现金的袋子离开银行时，银行的员工认为银行恢复了安全。但是事后并没有警察到达现场进行跟进。

为什么这样的攻击能够得逞呢？因为身份模拟能够和信任联系在一起。当某人带着徽章，穿着合适的制服，做出的行为也和他所说的身份一致时，我们的大脑就会对下列问题给出不言而喻的答案。

- 这个人是谁？
- 支撑他言论的证据是什么？
- 我安全吗？

当上述所有问题都有了答案，目标对象的心就安定下来了。这就是身份模拟的力量。在我讲过的关于库房的那个故事中，我不需要说出什么细节，因为我的制服说明了一切。我只需要回答剩下的问题——"你想做什么"和"你为什么会在这里"。

一旦这些问题得到回答，我的托辞就会完成其余的工作。除了外貌上的假扮外，面对面的社会工程攻击还涉及大量的对于其他形式的攻击造成困难的阻碍。比如，许多防火墙和其他技术能够拦截类似 PDF 和 EXE 格式的附件，阻止收件箱收取和运行这些附件。然而，如果这些附件是存储在优盘中的，那么它们就能被安装到电脑上。这样被拦截的可能性就会小很多。

我多次将标有"机密""员工福利"和"保密相册"字样的电子钥匙、DVD 故意留在工作场所，以刺激目标对象的好奇心。当他插入优盘或者 DVD 时，其电脑就会被盗用。

在身份模拟过程中使用非语言交流

身份模拟过程中会使用非语言交流，这一点不言而喻，但是对其的理解仍至关重要。在身份模拟攻击方式中，人际互动是很私人的，因此非语言交流对目标对象的影响是最大的。

当我们害怕被识破的时候会感到紧张或者恐惧，这是很正常的。如果我们的托辞是权威人士，那么紧张和恐惧会摧毁“我就是我说的这个人”的非语言关联。

在本书第 8 章我们会讨论更多的相关细节。如果社会工程师表现出愤怒、悲伤和恐惧的神情，那么这些情绪同样会反应在目标对象的大脑中。

对社会工程师来说，了解非语言交流能够对目标对象造成什么样的影响是极其重要的。这样就可以在识别非语言符号的情况下控制自己所扮演的角色。比如，一旦我们知道双手插兜是示弱的表现，那么我们就会在需要表现顺从的时候使用这个姿势，也会在需要表现权威的时候避免使用这个姿势。

在进行身份模拟的过程中，有时社会工程师可以仅依赖非语言交流。这在“尾随”实施过程中很适用。所谓“尾随”就是指没有权限进入某处的人通过跟随该处的员工进入某处。比如，可以通过以下方式完成“尾随”。

- *员工吸烟区*：这类区域通常在办公楼后，普遍缺乏适当的安防措施。这样员工就能够自由进出。社会工程师可以成为吸烟者中的“一员”，然后尝试尾随这些吸烟者。
- *扛着大箱子或大物件*：我已经记不清我有多少次是因为自己扛了大箱子而径直进入办公大楼的了。当我走近大门时，总有那么一个看上去乐于助人又善良的员工因为看到我步履维艰的样子，就让我进入了大楼。如果是个身材娇小、充满魅力的女性拎着一个很重的箱子，那么大家都会争着为她打开大门。
- *假徽章*：另外一种能够成功地提升信任感的方式是假徽章。社会工程师制作一个看起来很真实但其实不能帮助他进入办公大楼的徽章。当他几次刷卡都不成功的时候，乐于助人的员工看到后都会对他放行。

这些只是身份模拟中不包含太多言语或者根本没有什么言语的几种情况。这些情况对社会工程师的非语言交流技能是个很大的考验。每个人都有一个内在的雷达，如果感到有什么不妥，这个雷达就会发声。这种不妥的感觉通常建立在他人的非语言交流行为带给我们的感觉基础上。这就使得社会工程师控制和利用这些表现来表达正确“感觉”的能力显得尤其重要。

2.9 使用社会工程技能

社会工程技能也不总是用在消极方面。这些技能也可以用在积极方面。对此，我将进行简单论述，而这正是本书剩余部分将要讨论的内容。再次强调一下，我把社会工程行为定义为能够影响人们采取行动的任何行为，而且这些行动可能符合也可能不符合他们的最佳利益。

2.9.1 积极方面

积极的社会工程很好理解。假设一个小孩子想让父母给自己买东西。她走到妈妈面前，说：“妈妈，我可以买个芭比娃娃吗？”

妈妈说：“我不知道，问你爸爸。”

这个小女孩走到坐在沙发上的爸爸跟前，依偎在爸爸身旁，说道：“妈妈说如果你同意的话就给我买一个新的芭比娃娃。爸爸，求求你了。”

爸爸看着小女孩美丽的大眼睛，说道：“当然可以，我的小宝贝。”

刚刚发生了什么？在不知道心理学、非语言交流和沟通建模的情况下，这个小姑娘却运用了上述所有技能。

就我的经验来讲，对妈妈的第一次请求往往发生在孩子做了一件值得表扬的事情或者与妈妈很亲密的某个时刻后。在这个时刻，信任和爱的荷尔蒙在血液中迅速聚集。但是真正的社会工程却发生在和爸爸的交流中。

首先是触摸的力量。当小女孩依偎在爸爸身旁，靠近爸爸时，这就建立起一个感情纽带。之后，由“妈妈已经同意了”做开场，这是运用了社会认同。这一切结合起来构成了无法阻挡的力量。最后，小女孩达成所愿。

另外，一些更严重的情况可能包含修复或者治疗。社会工程师需要教人们重新构建和思考自己的信仰体系。一旦人们重新思考自己的信仰，他们就可能走上不同的道路。

其实，可以通过影响力使人们停止消极思考、滥用酒精或毒品以及终止虐待倾向。

社会工程可以用来影响人们去做对自己有益的事。可以帮助人们重新构建思考方式，创造一种成长的氛围，还可以帮助人们改掉积习已久的坏习惯。

当我的一个孩子还小的时候，他拒绝吃早餐。我把这看作一种“高压攻势”。他只是希望自己能够控制自己生活中的这个环节，与反抗以及做个坏孩子并无关联。了解到他这么做只是想自己做出选择并且拥有选择的权力，所以有一天我起床后没有准备什么早点，而是对他说：“我知道你对上学前要吃早点这件事很烦恼，那么今天就由你做主。你想吃麦片还是鸡蛋？”

他做出了选择，觉得自己得到了授权。最终我们获得了双赢。我很开心，因为儿子吃饭了。儿子也很开心，因为他获得了选择的权力。这种社会工程是积极的，因为基本原则是双赢。在这个过程中，没有失败者，做出的改变让双方因为这个改变而感觉更好了。

2.9.2 消极方面

以上技能也可以为蓄意攻击的社会工程师所用。“积极”和“消极”的区别就在于意图的不同。就消极层面来说，社会工程师不愿帮助、改进或者让你的生活更美好，他只关心自己能得到什么。

1990 年 3 月 18 日，波士顿加德纳博物馆的侧门被人敲响。敲门声过后，大门仍是紧闭的。但是在看到是两名身穿制服的警察时，保安打开了门，让他们进入了博物馆。最后却发现他们根本不是什么警察。这两人没有使用任何武器就让这两名保安“屈服”并把他们五花大绑。在不到 90 分钟的时间里，这两人就偷走了 13 件艺术品，总价值 3~5 亿美元。

这次抢劫运用了影响力和权威的原则。我们被教导要服从权威人物，尤其是警察。盗贼就是利用了这一点并偷走了价值逾 3 亿美元的艺术品。

在 2003 年的安特卫普钻石劫案中，里昂那多·诺塔巴托罗在办公楼里租了一个地方。这个大楼里住着很多钻石商人。他在这个地方住了 3 年，为的就是能够在这个过程中与他人建立信任和密切的关系。他和他的同伙假扮钻石商人闯入了有多重保护的金库，洗劫了价值超过 1 亿美元的宝石。有趣的是，他们之所以被捕是因为 5 人中有一人忘记烧毁装有本次作案证据的袋子。

无论是针对公司的复杂攻击还是每天在路边以孙辈的名义骗老人家钱财的行为都用到了社会工程的技能。这两种欺诈行为都包括策划、收集信息以及大量的非语言交流。

2.9.3　丑陋的一面

当我们谈到这些技能的时候，还需要知道这些技能的应用有比“消极”方面更进一步的“丑陋”的一面。本书不会深入探讨这个方面，因为这并不是我的专长。

如前所述，我不想在这个部分做过多赘述。但是对它有所了解是很重要的。当我们进行分析的时候，就会发现所有的情况用到的技能组合几乎是相同的。无论是积极的、消极的，还是丑陋的一面，社会工程看上去都是一样的。但是它们有一个主要的差异，那就是意图的不同。

2.10　总结

首先，我需要重申社会工程行为的定义：任何能够影响到人们出于或者不出于自己的最佳利益行动的行为。无论是利用邮件、电话还是面对面沟通，其中的非语言交流不仅能提升我们的交流能力，还能保障我们的安全。

社会工程是我们交流的一部分，在我们的日常生活中无处不在。这真是既有趣又激动人心。社会工程让交流变成了一种有趣的学习过程。

在继续阅读之前，我想说的是这本书并不会对社会工程所涉及的全部内容进行讨论。我写这本书的目的是想帮助你——安全专家、教师、家长、总裁、临床医学家，帮助你们提升对于最常用的非语言行为的了解。

每一章都会介绍一个身体部位及其在非语言交流中的表现。下一章会研究我们身体中最“健谈”的部位：手。我们的手会有意或者无意地“说”些什么呢？如何解读手部的语言？如何用手影响他人的情绪呢？

第 3 章会对这些问题一一进行解答。

第二部分

破译肢体语言

第 3 章
了解手的语言

“舌作语说与耳，手作势说与眼。”

——詹姆斯一世

在交流中对手的广泛而丰富的使用是人类独有的特点。我们的双手是非常神奇的，能够完成很多事情。回想小时候站在父母身旁，当有什么吓人的东西出现时，我们就会抓住父母的手寻求安慰和保护。

甚至在这之前，我们就用双手来探索身边的世界。当我们长大一些，就学着用双手完成基本的技能，如自己吃饭、穿衣，然后学会更高级的技能，如画画、雕刻、烹饪和操作工具。外科医生会花费数百个小时训练双手，使之做到在拯救生命时精准无误；音乐家则学习指位和击键的技巧，等等。1980 年，约翰 · 内皮尔在他的著作《手》中提出了一个有趣的观点。他说我们用眼睛和双手探索周边的世界，但其中只有一个能让我们环顾四周的角落，在黑暗中看见东西。他还说人类是唯一能够用手进行有意义交流的生物。无论你是一位多么熟练的演讲者，都需要借助双手让你的演讲更精彩。

这即是本章探讨的重点：在跟对方的交流中，我们是如何利用手来进行语言及情绪上的互动的。内皮尔称“手是大脑的镜子”，因为大脑所想不仅表现在面部，也表现在手上。

我们的情绪和手部动作之间有着直接的联系。1973 年，保罗·艾克曼博士和华莱士·弗里森博士通过实验进一步证实了这个观点。他们在一篇论文中提到了“手部动作”的概念，分析了手部动作体现出的各种不同的情绪。通过他们的实验以及后期相关的一些实验，我将向你阐述理解、观察和解读手部发出的信号是多么重要。

3.1 用手交流

当我们想到用手交流的时候，或许最先想到的就是手语，但本节讨论的内容并非手语。虽然了解这门和大脑相关联进而形成交流方式的学问激动人心，但我更关注人们是如何通过手释放情绪内容的。

假设你走进客厅看到地板上有饼干屑，你通常会告诉你的儿子不要在饭前吃饼干，因为地板和他的脸上都写着证据。你会像所有家长一样询问这些饼干屑是从哪里来的。当儿子在纠结是否要说谎时，请想象他的手在做什么。

也可以想一下读高中时你在全班同学面前朗读自己的作文或诗歌时的情景。听老师叫到你的名字后，你走到教室的前面。当你用颤抖的双手捧着作文，你的同学可能被你的窘相逗乐了，或者准备在课后嘲笑你。那时你的手在做什么？

回想一下你准备去面试的经历。你给自己打气让自己显得更自信。你知道自己能够胜任这份工作，并且你也很需要这份工作。你镇定自若，准备开始回答问题。你自信地回答每一个问题。之后面试官问到了你在一个你从未听说过的领域的工作经验。你需要思考是否要编造一个答案还是坦承自己对此一无所知。那时你的手在做什么？

最后，再想想你看过的警察审讯的视频。嫌犯得意洋洋地坐在那里，或许他的手还在敲着桌子以显示他的不耐烦。警察首先进行诱导提问：“6 月 1 日在 Lazy Tree 酒吧，你见过里科和他的女朋友了吗？”

嫌犯大喊：“没有！我已经说过了，那天晚上没有在那里见到他。”他握紧的拳头敲了桌子一下。

刑警耸了耸肩，用一支手指指着嫌犯说：“哦，也就是说那天你曾在酒吧出现过。那早些时候你为什么说那天晚上根本没去酒吧？”

当“呃，哦”的表情出现在嫌犯的脸上时，他的手会做些什么？

在上述的每个场景中，象征动作、手势、演示性动作或操纵性动作都有所体现。在最后一个审问的场景中，你大概可以想象出嫌犯由于紧张在搓手或者玩弄戒指、衣角的样子。这些场景的区别是什么？分别揭示了嫌犯的什么情绪？

在艾克曼和华莱士早期提出的研究中，研究员们讨论了我们的手是如何通过象征动作、手势、演示性动作和操纵性动作来体现情绪的。其中任何一个方面都可以用来判断情绪状态以及信息的真实性。

在正常沟通的语境中，学习辨别、解读和使用这种形式的非语言交流是非常必要的，对于一名社会工程师来说也是如此。在这项研究中，艾克曼博士参考了大卫·埃弗龙 1941 年的一项研究。该研究不但十分精彩，而且经久不衰。这项研究是关于非语言交流的，名称是“手势与环境”。该研究围绕两组居住在纽约的来自不同国家的移民展开，研究发现对于人们从世代相传的文化中习得的象征动作和肢体语言，文化差异对于这两点的运用有着显著的影响。

在埃弗龙的研究基础上，艾克曼和华莱士创建了一个针对这种形式的肢体语言的理解体系。这个体系分为三个部分：起源、编码和用法。

3.1.1 起源

非语言行为的起源在于该行为成为了人们交流风格中的一部分。艾克曼和华莱士将这种起源分为三类：神经系统类、生存本能类，以及随文化、阶级、家庭或个人变化的一类。

了解非语言行为的起源意味着，我们将通过他人（而非自己）的经历或起源来判断或观察非语言手部象征动作。

3.1.2 编码

编码是指行为和含义间的关系。无论象征动作看起来如何，通过行为可以判定是何种编码涉及其中。

艾克曼博士解释说一个随意的象征动作的视觉形象与它的本意并不相符。以一个流传最广的手势之一为例，这个手势是“向某人掷小鸟”（指对别人竖中指）。无论是在身体上还是生理上，这个手势的本意既不代表一只鸟，也和它意图表现的竖中指的行为没有关系，对吧？

另一方面，一个拥有形象编码的象征动作也给解码带来了线索。换句话说就是这个动作看起来与它的实际意义相符。例如，用大拇指和食指做出手枪的动作。这个手势看起来就是一个手枪的样子，意义不言自明。

最后，固有编码的象征动作与形象编码的象征动作类似。动作的表现形式同它所表达的意义一致。但是固有编码的象征动作不仅仅是做出动作，还会把编码表现出来。举例来说，我来自一个喜欢直接表露感情的家庭。这并没有什么稀奇的，但是当我们开玩笑的时候，我们会用拳头轻击对方。固有编码的象征动作不只是一个紧握的拳头，还包括玩笑时真实击打对方的行为。

3.1.3 用法

所谓用法，顾名思义，是指何时使用非语言手部动作。做出行为的外部条件、辅助性的语言行为，中转的信息内容，以及交流方式是交互式还是沟通式都会影响用法。

综合考虑起源、编码和用法帮助艾克曼和华莱士建立了不同的手部非语言交流方向。对每个方向的了解可以帮助我们看出人们努力表达的是什么或者他们是什么样的情绪。

接下来探讨手部非语言交流的三个方面：象征动作、手势/演示性动作以及操纵性动作。

1. 象征动作

正如我在第 1 章提到的，艾克曼博士将象征动作（emblem）定义为包括以下五个方面的手部非语言交流形式：

- 一个包含了一个或两个词的简单短语的直接传译；
- 一个为团体、阶级或亚文化群所熟知的准确含义；
- 经常是有意地用来向他人传递特定的消息；

- ❑ 接收者知道其接收的象征动作是有意为之；
- ❑ 发送者对交流负责任。

正如人们清楚自己所说的话，大多数人也清楚自己使用的象征动作。此外，就像我们说话会有口误，象征动作也会出现“象征错误”。但是大多数情况下，做动作的人是非常清楚自己使用的象征动作的。

了解起源可以帮助社会工程师在了解象征动作的基础上，理解人们说出的或者未说出的情绪状态。

这通常会有很强的暗示性。图 3-1 中的手势通常会被理解为“我爱你”，在有些地区却是不好的意思。在那些地方要慎用这个手势。

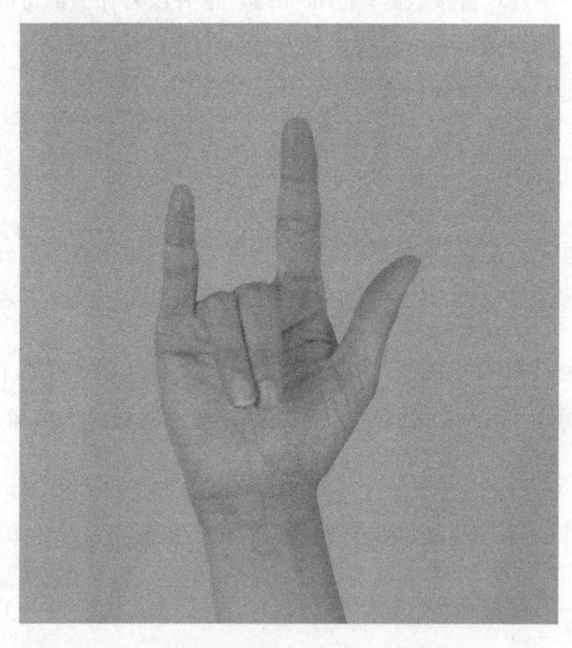

图 3-1　是“我爱你”还是不好的意思？

接下来会通过图片展示更多的例子来证明这一点。

在美国，图 3-2 中呈现的手部象征动作意指“停下你正在做的事”。如果为权威人物所用，这个命令式的手部动作就是让手下人停止所做的事情，并待在原地等待进一步通知。然而，这个手势在马来西亚是召唤侍者的意思。

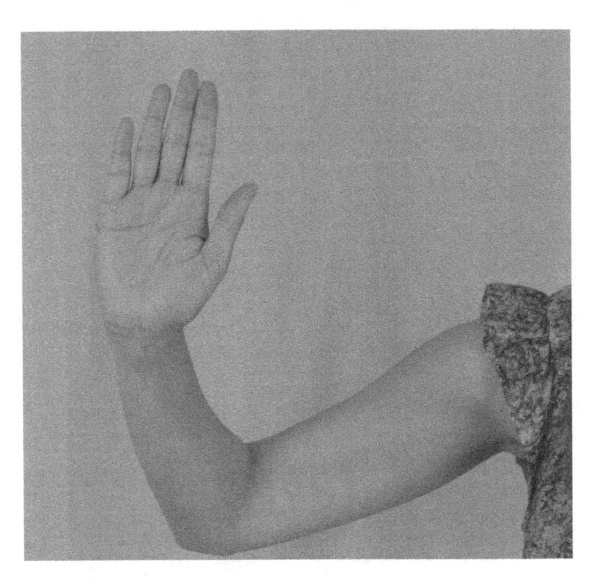

图 3-2　“过来”还是“走开”？

图 3-3 中的手部象征动作在美国才是“过来”的意思，而在日本，这却是一个粗鲁的手势。到了新加坡，这个手势代表死亡。

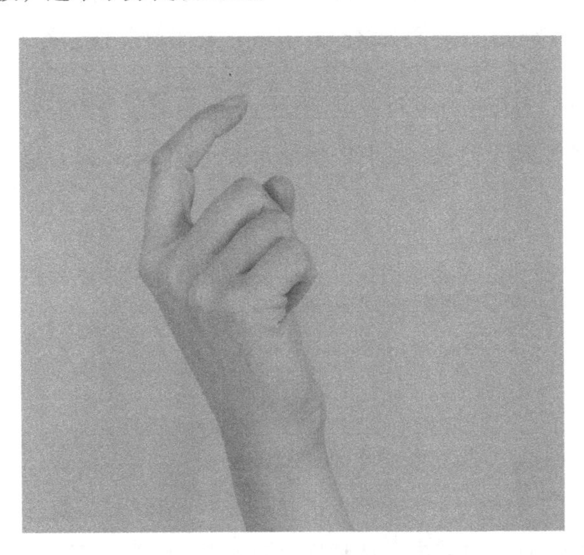

图 3-3　是“过来”，还是诱惑或死亡？

图 3-4 中的手部象征动作是“好运”的意思，不过这对意大利人和土耳其人来说则不然。对于他们来说，这代表女性的生殖器。亚洲人也认为这是一个猥亵的手势。

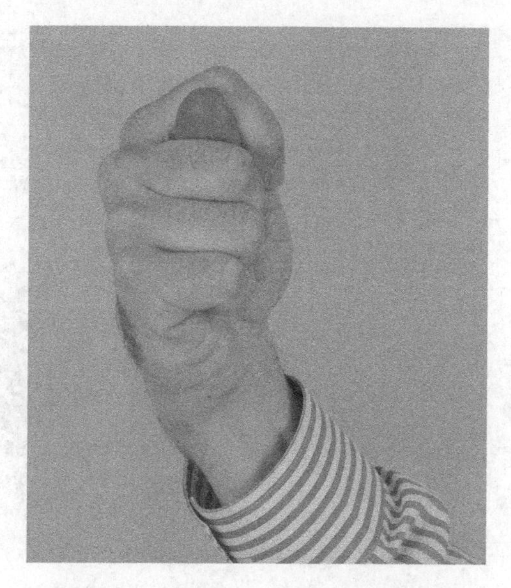

图 3-4　是“好运”还是猥亵的手势？

这些只是众多象征动作中的几个。每个象征动作都有一个直接的言语意义，而且与该意义准确相符。象征动作都是有意而为之。接收者明白其接收到的信息就是为他（她）而来，动作的发出者也确是有心为之。这也就是象征动作的定义。

在上述每个例子中，对于象征动作及其起源的了解能够改变我们对他人情绪状态的理解。另外，通过使用基于他人所独有的象征动作，我们还可以有意或无意地改变别人的情绪状态。

虽然我们身体的很多部位都能做出象征动作，但是象征动作主要都发生在手部，其次是头部、脸部和躯干。

2. 演示性动作

在《手部动作》一书中，艾克曼博士是这样定义的：“演示性动作是指那些与演讲、措辞、内容、声调变化曲线及响度等时时密切相关的行为。”换言之，手势是一种能够强化我们所说的话的动作姿态。从某种程度来说，它和象征动作有异曲同工之处，二者都是有意而为之，但演示性动作则更显得表面化一些。

以下是演示性动作和象征动作的区别：

- 演示性动作通常没有准确的语言意义；
- 演示性动作一般不会在没有对话的情况下使用；
- 只有说话者会做演示性动作，听者则不会。

演示性动作会因为使用者的心情、问题或者态度的变化而改变。当人们在讲话或思考过程中感到尴尬时，演示性动作使用的频率会增加。

演示性动作类型和使用频率的突然改变，往往暗示着欺骗或者基准态的重大改变。这种改变提醒社会工程师要对说话者给予更多注意。

演示性动作可以分为下列 8 种类型：

- 发令动作，用来强调某个特殊的词或者短语；
- 表意动作，用来“速写”思路；
- 指示动作，用来指向物品、地点或事件；
- 节律运动，用来描述事件进行的步调；
- 空间运动，用于描述空间关系；
- 活动电影，用于描述身体运动或者非人类肢体运动；
- 象形动作，用于描述涉及的物体；
- 象征动作，用于阐明某事，甚至可以替代一句话或一个短语。

观察演示性动作不仅有趣，还能帮助社会工程师判定基准态，理解对方的想法并对情感触发点做出反应。

艾克曼博士在他的书《说谎：揭穿商业、政治与婚姻中的骗局》中提到了一个非常有趣的演示性动作的规律：“演示性动作会随着我们说话的增加而增加。当人们感到非常愤怒、恐惧、焦虑或者兴奋时，他们会倾向于使用更多的演示性动作。”

随后艾克曼博士又解释了为什么人们可能会停止使用演示性动作。感情投资、厌倦、假装关切都可能让人们停止使用演示性动作。此外，艾克曼博士称那些不太擅长说谎的人也会停止使用演示性动作，因为他们需要思考的是与该谎言相关的内容，而不是去思考怎样更恰当地描述事件。

这些迹象都表明，在对话过程中，技术熟练的社会工程师会观察他们的目标对象的基准态以及任何与基准态相关的变化。

3. 操纵性动作

操纵性动作是指涉及对身体部位或衣着进行整饰的所有行为。紧张、不适、习惯，或者对于放松的需求通常都会引发操纵性动作。有一点很重要，那就是，当你注意到一个人有操纵性动作时，不要机械地认为那一定代表欺骗。

反之，寻找操纵性动作是观察对方基准态变化的一个很好的方法。我们可以问问自己，谈话在进入情感层面前对方是如何表现的。观察对方的基准态变化能够帮助社会工程师发现对方情绪变化的迹象（再次强调，不是因为欺骗才发生变化）。

人们玩弄自己的头发、手或戒指的行为都是操纵性动作。他们可能平时也经常整理自己的袖口、扣子以及衣服的其他部分。这些迹象可以用来判断对方是在安抚自己还是感到非常紧张。图 3-5 到图 3-7 展示的是你或许看到过的常见的操纵性动作。

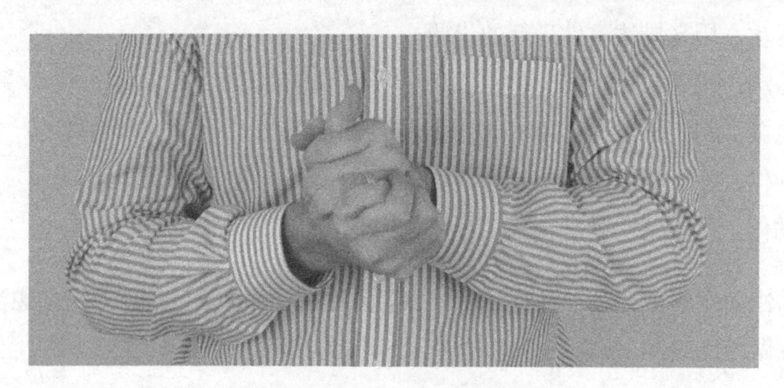

图 3-5　搓手是一个常见的操纵性动作

当人们感到紧张或者没把握时往往会搓手。比如本的基准态是尖塔形手势（这是自信的标志，本章稍后会提到）。当我问到前两天晚上他在哪里时，他开始做出如图 3-5 中所示的动作。这个基准态的变化能够让我们了解到我们的问题或者与这个问题相关的思考让他感到紧张。

一名优秀的社会工程师可以判断出在此时是要进一步挖掘信息还是就此打住。这都取决于所需要的情感层面是否到达。

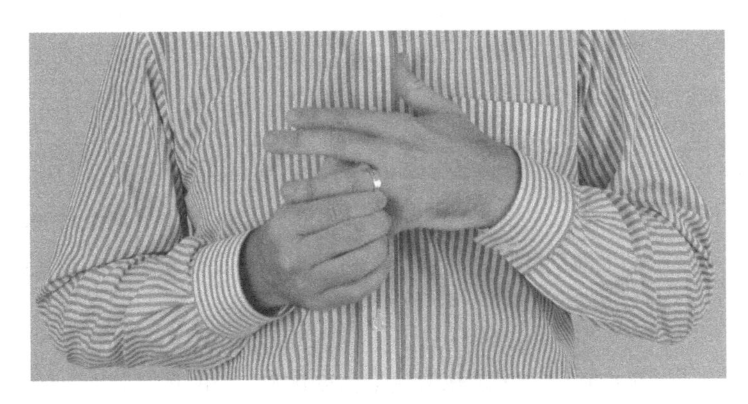

图 3-6 摆弄首饰也是一种体现紧张的手势

另外一种能够体现紧张的手势是玩弄首饰、扣子或者其他衣着类物品。有时人们摆弄衣服或者首饰是为了寻求抚慰，或许给予这些物品的人是当事人的密友或者家人。因此在当事人感到不适的时候，他就会对相关衣着物品做出操纵性动作以舒缓自己的紧张情绪。再次强调，我们在对话过程中会看到很多操纵性动作。

图 3-7 表示紧张的另一姿势

在图 3-7 中，我们会看到这种操纵性动作的另外一种形式。如果萨琳娜的基准态是抱着双臂站着，但是在谈话的过程中你看到她将一只手臂横过腹部，并开始玩弄她的首饰。那么这暗示了她情绪的转变。手臂摆放的位置可以暗示不适的感觉，而她的面部表情和玩弄首饰的行为可以让我们了解到她在思考，并且她现在感到有点不适。

在《说谎》一书中，艾克曼博士论述了非言语语言的这些重要组成部分："操纵性动作存在于意识的边缘。"也就是说，即便人们知道自己在做什么，还是会因为潜意识的触发而开始做出操纵性动作。在对话中，观察基准态及其变化能够对情绪内容变化的理解产生巨大的差异。

关注这些迹象能够帮助社会工程师在交流中占据优势，还能帮助我们判断自己的行为或者一系列问题是否让他人觉得不适。

3.1.4　高度自信的手部表现

正如我之前所说的，我们的双手是迷人的工具和沟通者。它们同时也能暗示人们是否自信。了解这一点对社会工程师很重要。人们都喜欢听到别人说自己的好，都有很强烈的自我意识诉求。适当地利用自我诉求能够让一个自信的人迅速建立起密切的关系。他会不惜一切代价来维持这种感觉，其中就包括向别人提供宝贵的信息。

下面将介绍一些能够暗示人们对自己的地位感到自信的手部动作。一旦能够快速和准确地看出这些，我们就能调整接近目标的方法和开场白以适应对方的交流类型。这样你就能够以对方期待的方式与他们进行交流。

1. 尖塔形手势

当人们用手指形成一个尖塔状时，就有了这个手部动作。这个动作可以由双手的单个手指（通常是食指）来完成，也可以由整个双手完成，如图 3-8 和图 3-9 所示。

在图 3-9 中，本的尖塔形手势和面部表情都表现出了他自信满满。这也是你通常看到其他人做出这个动作时他们的自我感受。

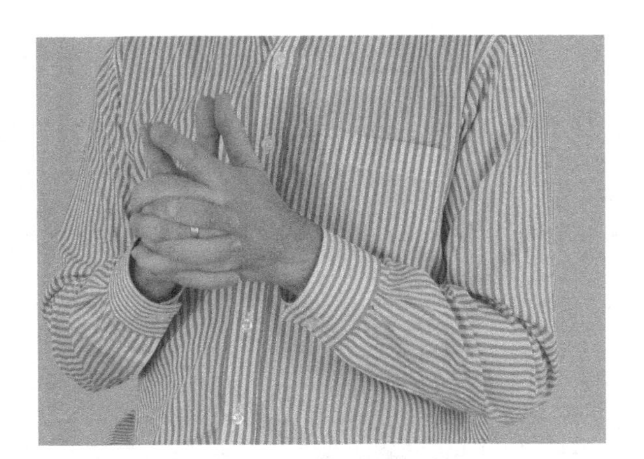

图 3-8 单个手指构成的尖塔形手势

图 3-9 双手构成的尖塔形手势

图 3-10 中这个人是乔丹·哈宾格。通过 The Art of Charm 这个平台，乔丹教人们如何更自信，进而完成某些目标。他在图 3-10 中的坐姿是在说："我很自信，充满了力量，所以你应该听我的。"

图 3-10 他想给别人留下什么印象呢？

乔丹不仅通过尖塔形手势呈现了高度的自信。前倾的身体表明他准备掌控一切。倾斜的头部表明他是值得信任的。我们需要重点关注的是向前的这个姿态。因为如果做得太过强势，就是愤怒或者不耐烦的意思。但是微微前倾则意味着感兴趣，甚至有助于收集更多的信息。乔丹在同一时间通过微微前倾、指尖相抵和头部倾斜展示了他的自信，并表示他对此事饶有兴趣。在图中，乔丹试图表现的内容都得到了强化。

在某些情况下，尖塔形手势是表明领地的意思。大意是说："无论你怎样挑战，我都对我所说的非常自信。"

最终，当领地意识表现得足够强烈时，人们就会采取图 3-11 所示形式的动作。

图 3-11 高度自信的领地意识表现

想象本解决了一个紧迫的问题。他在回答问题过程中表现的自信可能就伴有尖塔形手势。在回答完问题后，我们大概可以看到如图 3-11 所示的情况。本不仅对自己充满信心，还会让他身边的人也感受到这一点。我们能在那些关注自己想法的人的眼中看到那种非常自信并期待回应的眼神。

2. 拇指动作

当某人觉得自己很重要，充满自信，感到很有把握或者想让周边的人安心时，往往会使用拇指动作。拇指有时用来表示某人很自信或者某人试图表现高度自信。我们会在商人、领导或其他重要人士的照片上看到这种情况，如图 3-12 所示。

图 3-12　当某人说什么很重要的时候，使用拇指能够暗示高度自信

3. 腹部动作

在解剖学中，“腹部”是指朝向下腹的身体部位，比如四肢之内的身体。以开放的形式露出这些腹部部位能够让别人觉得你是值得信任且很好相处的人。

双手能够发出指令、提出要求或者公开邀请。在回顾美国历届领导人的照片时，我发现前总统克林顿会用双手张开的动作。如图 3-13 所示，张开双手意味着邀请他人成为自己的一员并对自己的提议感到满意。当这个动作同其他有力度的非语言动作，如头部侧倾和微笑共同出现时，这些动作就构成了难以应对的强大力量。

图 3-13 “请跟我来。”

如图 3-14 所示，与开放腹部动作相对的表现是手指并拢的动作。这类动作与命令和要求相对应，和开放毫无关系。

图 3-14 “你得按我说的去做。”

我们通常会在某人命令他人或者指挥他人做事的时候看到这类动作。当某人被责骂的时候也能看到此类动作。一般来说，伴有此类动作的其他肢体语言往往更严苛和咄咄逼人。

穿衬衫的时候挽起袖子或者女生双手叉腰的动作都是开放性动作。这些动作等同于说："我向你敞开心扉，所以也请对我坦诚相对。"如果你想和他人迅速建立信任感和密切关系，可以尝试这个非语言动作。

4. 生殖器指向

最后一种高度自信的手部动作是"生殖器指向"动作。这个非语言行为大体上是说："我是一名年富力强的男性。看，这就是证据。"做这个动作的人会勾起拇指放在腰带带扣上或者裤兜里。他的手指会指向他的生殖器。如图 3-15 所示，这是该非语言行为的惯用姿态。

图 3-15　"看我多强壮!"

该非语言行为是自信和支配欲的表现。你可能不会相信这个动作依然能在老的西部片和《快乐时光》的重播中看到。现在你知道这个动作了，所以请对这个动作给予更高的关注。

3.1.5 低自信和按压手部的动作

正如双手能够告诉我们对方感觉不错、很开心或者很积极，它们也能告诉我们对方感到情绪低落或者有压力。接下来将介绍一些例子帮助你更清晰地了解他人的情绪状态。

1. 揉搓双手

当人们感到紧张或不适的时候可能会握紧双手。如图 3-5 所示，我们称之为“白色指关节效应”。其他时间，他大概会搓手或揉手。也可以从他人摆弄戒指或其他手势的操纵性动作中看出一个人的不适感（参见图 3-5 到图 3-7）。不停地叩响指关节，用手抓、揉，或者是对衣着及身体部位实施操纵性动作都是人们消极情绪状态的体现。

2. 拇指动作

竖起拇指表示一切顺利，而拇指向下则表明全是坏消息（如图 3-16 所示）。此外，高举拇指是自信的表现，而放低拇指或者藏起拇指则是缺乏自信或安慰的表现。注意图 3-17 中，虽然他手部或许呈现出尖塔形手势（表示高度自信的动作），但是藏起来的拇指则暗示截然相反的情绪状态。

图 3-16 表示不满

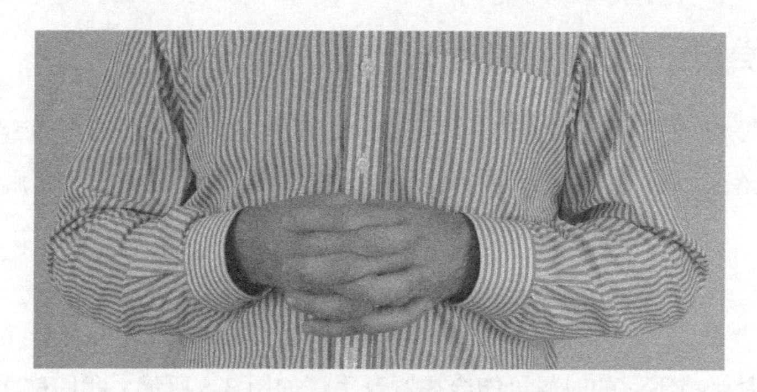

图 3-17　藏起来的拇指暗示缺乏自信

3. 缺乏自信导致的手部闭合

正如前面所说的，手能够很大程度地表现人们的情绪状态。鉴于手抬高的程度代表自信的程度，我们需要特别注意手部闭合这种非语言动作。

如图 3-18 所示，某人可能在站立的时候把手放在背后或者口袋里。这个时候先观察其他的暗示，之后再看他做出这个动作是否是因为缺乏自信。

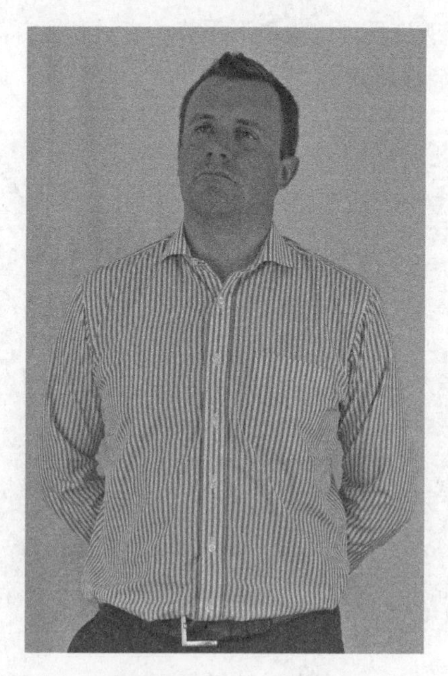

图 3-18　隐藏的双手可以表明缺乏信心

虽然本的站姿很自信，但是从他隐藏起来的双手可以看出他并没有看起来那么自信。

我们还需要观察一个人指向另外一个人的方式，这也是一个关键的手部动作。迅速的一戳是不耐烦、强调，甚至生气的表现。手心朝上，手指伸展，有助建立密切关系，还能增强我们在对方心目中的积极情感。

3.2 理解双手

你可能会说需要处理的信息量太大了，怎样才能掌握并利用手部动作？答案是熟能生巧。或许用我认识的一位海豹突击队第六小队成员的话会更准确："完美的练习造就完美。"我们不想让错误的练习助长了坏习惯。观察得越多，就越注重线索含义的探究练习。练习得越好，获取细小的线索对你来说就越容易。

在你训练自己关注这些动作之后，就可以学着使用这些动作。如果你走进一间办公室，然后看到了如图 3-19 所示的画面，你会想到什么？用一分钟时间来研究一下这幅图。

图 3-19　在这里你看到了什么？

你是否注意到本在试图表现他的支配欲？萨琳娜的手在暗示什么？

看起来萨琳娜对于本接近她的方式感到不适，不是吗？作为一名社会工程师，如果你看到这个场景，若想迅速得到萨琳娜的信任并建立密切关系，你会怎么做？

你不会想孤立本，但又想表示你看出了萨琳娜的不适，并想在不让她更难堪的前提下帮助她。

通过让本停止生殖器指向的手势外，邀请他们进行积极的谈话可以实现你的目标。使用自信度高但非领地意识的手部动作，比如开放性的手部动作以及抬高拇指的动作。

如果你想加入他们并做出指向萨琳娜的动作或者是有领地意识的动作，那么基本上你和本之间就要爆发一场领地争夺战了。这会徒增紧张气氛。通过使用自信度高但是平和的动作，能够缓和气氛，赢得双方的信任，进而建立密切关系。

在接近他人时，这一点对于你业务的成败来讲至关重要。

3.3　总结

综上所述，这部分内容信息量很大。尝试起来有一定困难，也不是一朝一夕就能够掌握的。我的建议是不要在工作中寻找手部、手臂、拇指和生殖器指向的动作，而是花些时间注意那些“非专业”的动作。去商场里看看远处正在交谈的两个人，去酒吧看男子怎样追求女孩，以及男子是如何被女孩拒绝的。你会为自己所看到的一切而感到吃惊。

你也可以在新闻、采访或者脱口秀节目中看到大量类似的行为。

需要注意的是，我们的目标不是抓住每个细小的动作，尝试准确解读每个动作的含义，而是寻找那些基准态的变化，进而解读对方在互动中的情绪变化。看到别人自信满满，就调整自己的接近方式去适应对方；看到别人温良羞怯，就让自己变得更温和安静。

学会调整接近方式和非语言手部动作以适应你想加入的一方。这样做能够提升社会工程师的能力并让你成为充满魅力的沟通者。

说了这么多，我们也仅仅是谈了手部的动作，在下一章我们会转向身体的其他部位：躯干、腿和脚。

第 4 章
躯干、腿和脚

“肢体语言是解开心灵枷锁的钥匙。”

——康斯坦丁·斯坦尼斯拉夫斯基

上一章讲到了手能够沟通感情。我们的手是那么迷人，甚至不用说话，只用手就可以描述整件事情。那么我们身体的下半部分是否也能如此呢？情绪状态的重要信号是不是会深藏在躯干、腿和脚中呢？

腿和脚是我们的行走工具。我们用腿和脚负重，去不同的地方，并让我们的身体保持平衡。此外，腿，尤其是脚，还是感官享受和极度敏感的来源。

控制非语言行为的大脑边缘系统会让我们身体下半部分忠实于我们的情绪状态。因为双手和手臂在我们身体的前面，所以我们会注意到自己的行为。腿和脚则不然。这就意味着在与别人打交道的时候，腿、脚和躯干的动作通常是判断一个人真实情绪的关键。我们先从腿和脚着手，然后逐步展开阐述。

4.1 腿和脚

腿和脚能够“告诉”我们别人是否开心、伤心、紧张、不适，甚至是否具有领地意识。

学习了解这些信号能够帮助我们读懂目标对象并知晓他们的心情。你或许看过那部讲述企鹅跳舞的电影《快乐的大脚》（*Happy Feet*）。当感到开心的时候，剧中的那只企鹅就会翩翩起舞。

这和现实相差并不遥远，当人们感到开心的时候，可能会不由自主地弹跳、摇摆，有时连脚趾都会翘起来。罗宾·迪克尔称之为“对抗地心引力的动作姿态”。图 4-1 呈现的是对抗地心引力的抬起脚尖的动作。

图 4-1　类似这样的对抗地心引力的动作姿态是开心的表现

不要将对抗地心引力的动作姿态与战战兢兢相混淆。人们可能出于习惯或者不适而跳起来或者摇摆起来，这是值得我们去关注的，因为通过这些行为可以判断他们的基线行为。我们该如何做出判断呢？在对话过程中关注那些突如其来的变化。如果人们跳起来后又因为被问到什么而突然停下，这就表明他的舒适度发生了基线变化。

举一个我儿子的例子。他的腿总会不时抖动，于是我决定从他和朋友交流的场景中找到这种表现的原因。我让他和我一起坐在客厅里。仿佛要印证我的话似的，他的腿又开始抖起来。我问他和朋友们相处得怎么样。他回答：“很好。”我觉得要问一些更深层次的问题，于是在问了一些平淡无奇的问题后，我又问道：“这两个人的关系怎么样？”他停下了脚上的动作，把脚稳稳地放在地上，脚尖指向门的方向（稍后会介绍这意味着什么）。这种突然的改变是因为我的儿子要说谎或是欺骗我吗？不是的。这说明他感到了不适，反过来又说明他的朋友间的关系会对他产生直接的影响。最终我发现，他圈子里那两个人的关系影响到了他与他们之间的友谊关系，这让他觉得很沮丧。

脚的着地方式和朝向意味着什么呢？我们脚尖的朝向就是我们要去往的方向。你是否尝试过按照脚尖或内或外的指向一直往前走？我们的脚不仅能够指向我们去往的方向，还能指向我们想去的方向。在交谈中，如果一方不想再继续了，我们就会看到这样的情况。在他婉拒之前，我们看到他的脚和腿会从对方转移。图 4-2 是关于腿的朝向的例子。

图 4-2 谁对谁感兴趣？可以通过腿的朝向来判断

腿和脚的指向不仅能暗示一个人是要走还是要留，还能表现他是否感兴趣。我们更多的是关注面部表情，尤其是约会的时候。通常在约会的时候，一方会表现得非常有礼貌，而真实的兴趣水平是由腿和脚呈现的。

比如，男士很可能会接近有着热情微笑的女士。但是当他接近女士时，如果该女士的腿和脚指向的不是他的方向，或者从未移向他的方向，那就说明该女士对这位男士不感兴趣。作为社会工程师，我们需要特别注意这些线索，并以此判断是否与目标对象建立了足够融洽的关系，让目标对象一直对我们保持注意力。

脚和腿也适于展现领地意识。若你和目标对象交流时，注意到他开始扩大双脚站立的距离，那就说明他感到自己受到了威胁，要在他的地盘外建立主导地位。图 4-3 左侧呈现的是谈话进展顺利的状态。请注意萨琳娜和本的腿是挨着的，他们的脚尖也都朝向对方。如果是谁说了什么改变了这种状态，或者其中一人变得焦虑或处于防御状态，那么我们就会看到右侧图片呈现的状态。萨琳娜站立的双腿分开了更大的距离用以表明领地。此外，她的脚尖也不再朝向本。

图 4-3　从舒适（左）到不适（右）

最后我想说的是关于跷二郎腿的问题。我们跷与不跷二郎腿的方式都能在很大程度上表明自己是否感到舒适。前面提到过，开放的手势代表信任和热情，能让目标客户信任你。同样地，腿也能体现我们是否开心、坦率、热情或者因为不适而对他人设置障碍。

例如，如图 4-4 所示，目标对象的坐姿展示了高度的自信。这种舒适和放松的姿势没有对对方设置任何屏障。该姿势表明“我感觉很好”。

图 4-4 “我对我说的话很自信”

换句话说，我们在跷二郎腿的时候，即使我们的腿只是稍稍偏离了对方，这也是对对方设置了障碍。图 4-5 就呈现了这种情况。看到这种情况后，你是什么感觉？她是开放和友好的，还是闭合及冷淡的？

图 4-5 她是友好的吗？

我们能够迅速决定是否喜欢或信任一个人。我们的非语言行为是自身感觉的真实写照。我们在跷二郎腿的时候会将腿礼貌地朝向我们喜欢的人。但如果是图 4-5 的情况，那就是我们用跷起的二郎腿在自己和自己不喜欢人的之间设置了一道屏障。

腿和脚在非语言交流方面有着丰富的含义。当我们将注意力向身体上方转移时，你还会有更多发现。下面就来讨论躯干和手臂。

4.2　躯干和手臂

假设你在拥挤的地铁上，整个地铁上唯一剩下的空座就在你的旁边。这时来了一个看起来好久都没洗澡的男士。他走近的时候，你闻到了难闻的气味。你会怎么做呢？又无处可去。或许你会先把头转向另一边，然后倾斜身体。仅仅几厘米的距离丝毫不会驱除那位男士的体味给你带来的不快，但是你仍然会这样做。这是为什么呢？

我们倾向于远离我们不喜欢的东西，而趋近我们喜欢的事物。现在如果那位男士变干净了，也没有了难闻的体味，性别也换成了充满魅力的异性，而且刚刚沐浴完毕，那么你又会倾向于哪种方式呢？

躯干的无意识倾斜能够表明我们喜欢群体中的哪个人。想象你和一群朋友在一起的画面。当你知道谁和谁在情感上比较亲密后，再看看他们的躯干倾向是否能证明上述观点。

请看图 4-6，看看谁喜欢谁是不是表现得很明显。

图 4-6　本真正喜欢的是谁？

在图 4-6 中，两位女士都倾向于本，但是本更倾向于萨琳娜。这表明了他真正的兴趣所在。

即便目标对象是坐着的，躯干也能告诉我们他的想法。请看图 4-7，判断萨琳娜是觉得舒适还是想离开。

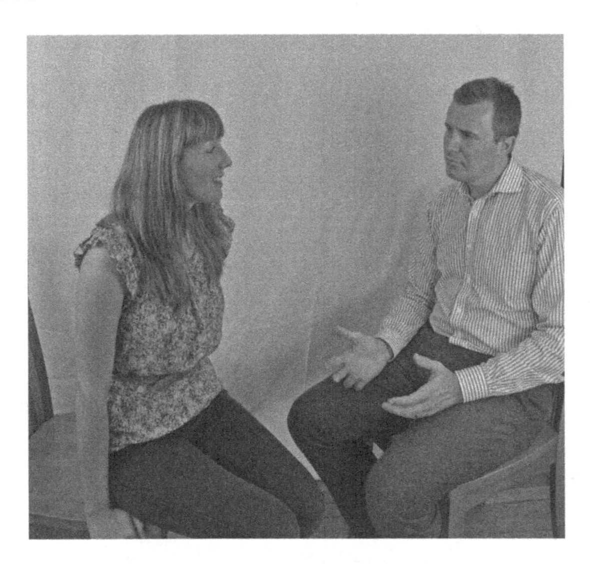

图 4-7　留下，还是要离开？

如果看出萨琳娜想走，你就猜对了。躯干的移动，比如像图 4-7 中移向前方的情况表明萨琳娜想离开。

观察躯干的关键在于其倾斜度。目标对象倾向于哪里以及怎样倾斜意味着她喜欢谁或不喜欢谁，同时也能表明她是感到舒适还是想要离开。这些迹象能够帮助我们恰如其分地进行调整和回答。

请牢记，如果你看到某人身体倾向于另外一个人，那可能意味着感兴趣或舒适。反之，则意味着不适或者不感兴趣。这个简单的辨别方法能够在一些方面帮助社会工程师。首先，如果和你打交道的人离你很远的话，是你表现得太过强势了。

在一次工作中，我想从坐在旅馆沙发上的一对夫妻那里获得一些信息。于是我径直向他们走了过去。当我接近 2 米的身高赫然出现在他们面前，之后我又将身体倾向于那位男士进行了提问。直觉告诉我我搞砸了。因为那位男士尽量倾斜自己的身体，几乎要把自己埋在沙发里。很明显，他对我没有兴趣。

另外一个辨别方法就是在建立密切关系后暗示你很感兴趣。当你的谈话对象开始表达他们的情感或想法时，你稍稍倾斜身体可以表现出你对他们所说的感兴趣，并且正在认真倾听他们所说的话。这说明你信任他们，而且想听他们说话。这样会对你们建立和维持密切关系大有益处。

想想那些马上要决斗的动物，比如大猩猩。它可能会鼓起胸部，仿佛在说："我很庞大，不要惹我。"这样做也能帮助大猩猩吸入更多的氧气以备战可能发生的战斗。人类也是一样。当一个人想要宣示领地的时候，他也会挺起胸膛。

另外一个清晰的标志是看胸部的起伏。胸部的起伏和粗重的呼吸都是为了吸入更多的氧气。在一定程度上这是不适的表现。耸肩之后的大口呼气可能是出于伤心或者放弃。

那手臂呢？它们仅仅是手的延伸吗？它们在交流中的功能是和手一样吗？手臂的有趣之处在于为躯干和手搭建了连接的桥梁。它们将躯干和手的非语言交流行为联系起来。

请看图 4-8 和图 4-9，判断哪位是你想接近的对象。

图 4-8　这种非常开放的姿势是热情和友好的表现

图 4-9 手臂呈现这种状态，同时伴有其他肢体语言，是在说“我对你的想法不感兴趣”

在图 4-9 中，凭直觉我们就知道交叉双臂是这位女士在她和别人之间设置屏障的意思。然而需要注意的是，交叉的双臂并不总是意味着屏障。做这个动作的人可能比较冷或者只是简单地因为他觉得这个姿势比较舒服。其他的迹象可以表明情感层面。在图 4-9 中，躯干和腿的姿态表明不感兴趣。另外一个关键的迹象是双臂交叉的位置。当它高于胃部、低于胸部的时候是不适的表现。这种交叉双臂的类型是防御类型，是在说“我不舒服”。

一定要注意如果仅仅是交叉双臂并不代表不感兴趣或者不舒服。与其他肢体语言信号一样，要寻找相对基准态的突然变化来判定情感层面。

换句话说，图 4-8 展现的是开放的腹部动作（第 3 章有过介绍）。手臂的敏感部位或者前端暴露的时候，基本上是“我和你在一起很舒服，我很信任你”的意思。如果看到图 4-8 的表现，就可以断定自己已经与他人建立了密切的关系。

除了表示舒适度，腹部动作还能表现自信度。图 4-10 就表明腹部动作能用于宣示领地。若不加以限制，这种动作会看起来失礼或者有些自大。

图 4-10 当本这样坐着的时候，他是在宣示自己的领地，但是这种开放的腹部动作很失礼

在图 4-10 中，本向后靠着椅子，双腿分开。这是一个腹部动作。他的躯干倾向和手臂的姿势会被认为是失礼的表现。同时，他宣示的领地也可能并非是他可以宣示的。

许多父母常见的手臂动作是耸肩。如图 4-11，当这个动作伴随着语言一同出现的时候，这个非语言行为是什么意思呢？

图 4-11 相当熟悉的耸肩动作

这个非语言动作的有趣之处不仅在于做这个动作的人往往会说“我不知道”，还在于有时候动作和言语是不符的。接下来我会举一个例子来说明。

在观看访谈、脱口秀、总统辩论或其他现场活动的时候，就会看到这个动作。你会发现，或许作为竞选的一部分，有的人会对于他主张的事情发表演讲。

当一个问题或者论点被抛出来，在一到两秒种的停顿之后，候选人开始回答问题时，你会注意到虽然他在点头说“是的”，但是却会表现出图 4-11 所示的情形。即使是一个轻微的耸肩都能说明做这个动作的人对自己所说的并不确定。点头是在说“是的”，但是肢体语言说的是“我不确定”。

需要重点关注的是单一的耸肩动作。许多人认为这是一种非语言的矛盾行为。因为在心里，原本想说“是的”，但是大脑却在说“不是”或者“我不知道”。单一的耸肩动作通常是无意识的。这也是我们需要注意的。

4.3　总结

躯干和手臂能够传递大量的信息。总而言之，请关注躯干倾向。或前或后，或朝向你或远离你，这些躯干倾向都能表现出兴趣和舒适度水平。

手臂也一样。请关注舒适或者不适的迹象。当手臂表现出目标对象在封闭自己，对你设置屏障的时候，是不是因为他感受到了威胁？再或者，手臂敞开是不是意味着密切关系的建立和感到舒适呢？

此外，也请关注平静或紧张的呼吸以及深呼吸。这些能帮助你了解目标对象究竟是感觉受到了威胁甚至生气，还是非常平和镇静。

社会工程师的目标是建立平静放松的环境，让目标对象感到舒适。当你看到非语言行为使用得恰如其分时，就知道自己离成功不远了。

要真正看透这些迹象，我们还需要关注身体的最后一个部分——面部。这也是我们下一章的主题。

第 5 章
面部表情背后的科学

“如果你想知道他人感觉如何，请先关注他面部的临时变化。”

——保罗·艾克曼博士，《心理学家的读脸术：解读微表情之下的人际交往情绪密码》

在过去的 45 年中，艾克曼博士的研究帮助世人认识到了面部在解读情绪方面的重要作用。许多其他的研究者也做了薪火相传的工作。因为面部的重要性，本书将用最长的篇幅来对其进行介绍。

本章不会仅仅重复已有的相关研究，而是会关注一个未被关注的领域：社会工程领域。

人们常说眼睛是心灵的窗户。如果这是真的，那么面部表情就会反映出我们的情绪内容。事实上，艾克曼强调面部是最主要也是最清晰的情绪通道。学习解读情绪内容并作出反应，判断采用何种策略，进而选择何时运用自己的情感。如果你能做到这些，就仿佛拥有了超乎寻常的能力。

在一次工作中，我先与目标对象建立了密切关系。之后的对话进行得非常顺利。诱导也顺利进行。我准备实施进攻计划，进一步深入他的内心。我想通过利用他刚刚离职的一个同事来使自己成为该目标对象的“一员”，进而了解他的情绪状态。我转向他，说："对不起，忘了自我介绍了。我叫保罗——保罗·威廉姆斯。"我先伸出了手。他跟我握手后说："没关系，失礼了。我是格雷格·赫利。"我继续说道："那两个人刚走，你是和他们一起工作吗？"格雷格长叹了一口气，说："是的，罗杰和我为萨拉工作。"他脸上的表情"告诉"我更多的信息。那表情同图 5-1 很相似。

图 5-1　你看到了什么？

当你看到这张照片的时候，你看到了什么？有些人看到了傲慢或者装模作样。这些都是很好的猜想。我看到的是轻视。

对这个表情的识别让我能够更深入地进入格雷格的内心。我还感觉到他与他的女老板在相处过程中遇到了一些问题。"那么，格雷格，或许你能帮助我。我也有一个非常厉害的女老板。你是如何应对的？或许你能指点指点我。"

在接下来的 25 分钟里，格雷格向我倾诉了他的生活。从那之后，只要我需要什么，就会问他。对格雷格面部表情的解读帮助我将自己的沟通方式调整得更适合格雷格。我与他建立了密切的信任关系，还获得了成功所需的信息。

本章将帮你学习如何做这些事。相关内容来自以下科学家的研究成果：艾克曼博士、华莱士·弗里森博士以及莫林·奥沙利文博士。此外，还有包括保罗·凯利在内的其他参与者。在艾克曼博士和奥沙利文博士评估信用的测试中，保罗·凯利被称之为"真相奇才”。接下来我们将学习如何通过一个人的面部解读他的情绪内容，进而改变你的交流方式去适应目标对象。

5.1 面部动作编码系统

在研究面部表情数年后，艾克曼博士与弗里森博士在20世纪80年代开始了合作。他们建立了一个体系，为面部肌肉运动制作了示意图，并将这些动作分解为动作单元（Action Unit，AU）。他们相信通过学习辨别创建面部表情的肌肉，就能够看到情绪内容的小“玄机”。

在经过30多年的使用后，面部动作编码系统（Facial Action Coding System，FACS）已经成为该研究领域的标准。

对动作单元的学习需以小组为单位。小组的分类是以涉及的位置和动作类型为基准的。首先是面上部的动作单元。它们会影响眼眉、额头和眼皮的动作。脸下部的动作单元分为以下五组：上/下、水平、倾斜、眼窝以及其他动作。学习完每组动作单元后，你需要练习面部行为评分。

面部动作编码系统以以下三个主旨对动作单元进行阐述：

- 外观变化；
- 如何重现动作单元；
- 评价动作单元的强度。

每个肌肉动作都能分解成一个动作单元。动作单元描述了是什么样的肌肉在被激发后创建了表情。艾克曼对情绪的研究告诉我们是什么触发了我们的这些情绪以及何时被触发。结合这两个方面会帮助我们以等式的方式理解面部表情。

如果情绪是由刺激物触发的，神经元就会向面部传递电脉冲，进而触发肌肉运动，并将情绪从外部呈现出来。

刺激物+情绪=肌肉触发

因为你可以在线学习完整的面部动作编码系统课程，所以在此我不会过多地介绍面部动作编码系统。我要说的是面部表情对于了解他人是何等重要。

本章的核心，也是我希望你能体会的是：仅仅因为你看到了他人的情绪，并不代表你明白他为什么会有这样的情绪，或者他为什么表现与出其所说的话不一致的面部微表情。这也是艾克曼博士亲自告诉我的一件事，同时也是他曾经记述过的。

一旦你学会领悟微表情，就能根据你所观察到的情绪改变交流风格，然后通过提问和诱导来确定你所观察到的情绪是否属实。通过提问、对话和诱导可以准确描述你所观察到的情绪产生的真正原因。为了帮助开发这个技能，艾克曼博士正在研发一个信息培训工具——有效应对情绪表现（Responding Effectively to Emotional Expressions，亦称 RE3）。

需要注意的是，不要把我们自己的情绪加入到观察到的情绪里，也不要臆断别人会有某种感受的原因（否则将受到“自我论”的错误影响）。开始对话后，你可以判断为什么会有这样的情绪。对情绪的理解能帮助我们更多地改变和影响目标对象。

同样需要注意的是，我们社会工程师的目标是成为目标对象的“一员”。当我们让对方觉得我们和他们一样的时候，这一目标就很容易达成了。比如，假设你要接近一群正在愉快大笑的陌生人，你垂头丧气，耷拉着眼皮，连嘴角都是下垂的（这些都是典型的悲伤情绪表现）。你觉得那群人是希望你加入他们并就你的问题进行讨论还是会无视你？如果你的目标是加入他们，你大概也能想到，如果表现得很悲伤的话，是很难加入那群人的。

换句话说，如果你的目标对象是那个正在伤心的人，你能大笑着拍他的后背讲笑话吗？还是应该降低音量，减少肢体动作，温柔地来到他身边，问一句“发生什么事了”。

艾克曼博士和奥沙利文博士进行了一个名为“真相奇才”的测试。他们发现了一小群在谎言识别方面远远高于平均水平的人。保罗·凯利就是那些“真相奇才”中的一员。他也是本书的“技术审校”。在本书中，我通常会用 PK 代表他，以便区分他和保罗·艾克曼博士。

在听了艾克曼博士关于面部微表情的演讲后，保罗了解到这些表情是无意识的、跨文化的。之后，他与艾克曼博士进行了会面。说到保罗·凯利的沟通技巧有一个有趣的现象，就是在艾克曼博士和莫林·奥沙利文博士关于评估信用和识别骗术的测试中，被称为“真相奇才”的那部分人。这些“奇才”大约有 50 位。他们是 15 000 名受试者中成绩靠前的三分之一的人中最终胜出的百分之一（99.666 个百分点）。这些人在测试中的准确率（80%起）明显高于平均水平（53%）。为了确保本书是建立在科学的基础上，在本书的写作过程中，PK 和我进行了密切的合作。此外，当我们遇到一些问题的时候，我们会向艾克曼博士提出这些问题。他能帮助我们不偏离主题。

在与 PK 的多次谈话中，他都谈到了解读表情的力量。不过，和艾克曼博士一样，他也提出了同样的注意事项——我们观察到表情不意味着能马上知道该表情产生的原因。正如 PK 指出的，微表情并不能回答该表情产生的原因，但是通常能够引导我们找到该问题的答案。艾克曼博士仍在各行各业的人群中寻找像 PK 那样的人，同时也在继续他关于这些人的基本情绪和表情的研究。

为了进一步帮助我们完成本书，艾克曼博士将我们在寻找的情绪分为 7 种基础情绪。这些情绪都是跨文化且通用的。每种情绪都有对应的表情和无意识的短期肌肉运动。它们是：恐惧、惊讶、悲伤、轻视、厌恶、愤怒和开心。本章会通过诸多实例详细介绍每种情绪。除此之外，你还会读到一位老兵真相奇才的故事。他的故事会巩固我们的论点，并为我们呈现社会工程师如何学习使用这些技能。

5.2　什么是真相奇才

在真相奇才的项目中，奥沙利文博士和艾克曼博士对 15 000 多人进行了测试。最终，他们只找到 50 位在谎言识别方面远高于平均水平的人。这种能力包括观察、识别和解读面部表情（不久后，艾克曼博士证明识别微表情是随时可以习得的技能）。这一小部分人使得只能有少数人参与研究。遗憾的是，奥沙利文博士在她关于真相奇才的作品出版前去世了。在一次采访中，她形容他们“好像奥林匹克运动员”。奥沙利文博士曾说：“我们的这些奇才们是非常特别的，他们能够敏锐地捕捉到面部表情和肢体语言以及说话和思考方式的细微变化。虽然他们天赋异禀，但是仍会不断练习并且特别谨慎小心。他们往往是有一定生活阅历的人，且年纪稍长。”艾克曼博士记录道：“我们一直在尝试发现他们是如何学习这项技能的。他们是测谎界的莫扎特吗？这是他们与生俱来的天赋吗？”

保罗·凯利就是这些人中的一员。他有着与各类人士打交道的丰富经验。对我来说，认识艾克曼博士并和他共事，还能就本书的这部分内容对他进行采访都让我感到荣幸之至。

在我们的讨论中，我想首先确定宏表情和微表情的区别。PK 让我认识到除了持续的时间（微表情持续的时间非常短，只有 1/5 到 1/25 秒；宏表情可以持续 2 到 4 秒）外，它们的主要区别在于宏表情是人们想让他人看到的情绪表现。换句话说，微表情是在我们无意识的情况下表现出来的，是不可控的，而且往往表现出的是当事人当时真正的情绪内容。

当然，这也让我有了一个疑问，那就是如果我们看到目标对象的微表情是不是就意味着他在骗人呢？PK 告诉我这是一种误解。微表情是一种对极为细微的表情所表达出的情绪的有意或无意的压抑。艾克曼博士用热点（hot spot）来定义那些与言行不一致的微表情或其他任何表现（言语的或者是非语言的）。虽然这些表情本身并不是欺骗的标志，但是高效的面谈者能够利用热点获得微表情出现的原因。

我们不可避免地要问的是参透人心的天赋是不是也能用来判断别人是否在说谎。PK 坚定地认为不存在像匹诺曹的鼻子那样的线索。也就是说，没有单一的线索，即使是微表情也不能从内部或就其本身告诉你某人是否在说谎。要解决这个问题需要确定基准态并观察其变化。找到目标对象行为中的热点，确定进行提问的方式，再通过对更多表情的观察进行跟进。

真相奇才在观察他人方面的能力高于平均水平，并不意味着我们普通人不能学习这项技能。我就是个例子。我想我不是 PK 那一类的真相奇才，但是在跟随艾克曼博士和他的团队学习了两年半之后，现在的我已经能够很好地掌握这项技能了。

在与 PK 共事的过程中，他给了我以下建议和提示。

(1) 当你发现了热点，并开始尝试找寻热点出现的原因时，不要只是关注一种可能性，而要迫使自己通过“对立假设”去思考为什么会出现该热点。这样做能让你保持客观。
(2) 做一个积极的聆听者和观察者。不要只关注一件事。要充分利用以下五种渠道：面部、肢体语言、嗓音、声线以及声音内容。

(3) 不要急于做出判断。在做出判断之前要充分利用所有可用的时间。让交谈顺其自然。要聆听说话者的故事。利用所有可利用的言语线索和非语言线索。
(4) 要注意出现的热点，但是在跟进或挑战说话者或者与说话者对峙的时候要有选择地利用热点。

还有最后一条建议。

- 你确定的事只是你看到的，所以不要假定为什么别人会表现出某种情绪。我们需要通过问题、基准态和采访策略深入研究情绪的成因。这样可以帮助我们很好地判断出情绪和感觉的区别。

5.2.1 情绪与感觉

我之前提到的七种基本情绪是感觉的基础。在《情绪的解析》一书中，艾克曼博士将情绪定义为“一种受人们自己的过去影响的过程和特定的自动评价。在这个过程中，我们感到与我们的幸福相关的某些事发生了，之后我们通过一组心理变化和情绪性行为来处理这种情况”（原书第 13 页）。也就是说，我们可以将情绪定义为我们的大脑基于之前的经历和生物活动而形成的一组心理原则，用来处理我们当前遇到的任何情况。

我们都有内置的指令集，它们建立在我们的童年经历、精神特质、道德和个人信仰结构基础之上。想象你现在在一家杂货店，你无意中听到一位妈妈在责骂孩子。这位妈妈用了贬损的方式，甚至说孩子蠢。你会怎么做呢？你的大脑自动运行“代码”来决定你的感受。如果你的父母这样对待你，或许你会同情那个孩子，替他难过。如果你的父母是有礼貌和充满爱意的，那么那位妈妈的责骂会触发你的愤怒情绪。你会想父母怎么可以如此对待孩子。在大脑反应最初的几秒钟内，你或许不能终止要运行的程序。代码已经注入你的系统中，之后肌肉的、心理的以及身体上的反应都被触发了。情感触发点带来了以下感觉：愤怒、烦恼、挫败和不开心。这些感觉是情绪和情感触发点带来的效果。

在理解这些感觉后，我们也就能理解情绪的发生是有程度之分的。比如，爱是一种情绪还是一种感觉？如果认为那是一种感觉，那没错。爱通常被视为一种情绪，但它并不是七种基本情绪中的一种。更确切地说，爱是一种来源于情绪的感觉。

当我们开心的时候，会促使我们去爱。惊喜也能促使我们去爱。爱也可能是哀伤的，会让我们感到恐惧。爱本身并不是用于处理某种情况的“一组心理变化和情绪行为”。我们要牢记这一点。

下面会详细分析每种情绪，进而帮助你了解如何在交流过程中使用这些情绪。

5.2.2　恐惧

想象此刻你正在看电影，电影中一位女士伴着某种不祥的音乐穿过了一个黑暗的房间。音乐暗示着有什么事情即将发生，让你预先感受到了某种情绪内容。突然，一名攻击者从黑暗的角落里跳了出来，手里还挥着刀，会发生什么事呢？

你或许会因为紧张而倒吸一口气或者尖叫起来。头和身体也跟着向后退，远离让你害怕的东西。这一切是对“或战或退”的心理决策的反应结果。你的身体随时准备着战斗或者逃避。但是在这种情况下，你多半会选择逃避。

当你感到害怕的时候，情绪更多地经由面部表现出来。如图 5-2 所示，你会挑起眉毛，睁大眼睛，张开嘴巴倒吸一口气，咧开双唇。你的面部和身体都会变得紧张起来。

图 5-2　恐惧的典型表现

请注意抬起的上眼皮的紧张状态，虹膜上的眼白，以及水平咧开的嘴巴。你若在目标对象的脸上看到了这样的面部表情，大概就能判断出这表情隐含的情绪内容。然而，处在恐惧情绪中的人并不总是能呈现上述所有的肢体反应。有时这些迹象会表现得更微妙。或许恐惧的情绪并不会真的吓到你，而是会让你担忧。这是一种与恐惧情绪密切相连的另一种情绪。

正如我在前面章节里提到的，感觉可以从更深层次的角度定义这种情绪。这些感觉可以是害怕、担心、吃惊、恐惧、担忧和惊慌。

假设你是一名专业的社会工程师，要进入一栋大楼。你需要经过许可才可以进入大楼。与你交谈的人看起来很担心自己做出错误决定，并且在试图掩饰自己的这种感觉。当你提出要求后，你大概会看到他如图 5-3 所示的表情。

图 5-3　担忧的表情

当人们有所担忧的时候，他们会扬起眉毛，额头也会紧张起来。在图 5-3 中，本表现的就是这种担忧的表情。这个表情可能会和悲伤混淆。虽然眼睛、上眼皮和眉毛的特征不同，但两者有一个共同特征，那就是额头中心的皱纹。人们或许会睁大眼睛，这说明他们在冥思苦想。现在你知道担忧与恐惧相关，这种情况下恐惧并不能说明什么，那么你该如何调整交流方式去改变目标对象的情绪内容或者他心里所想呢？

由于恐惧/担忧的情绪已经存在于目标对象的头脑中了，所以要终止该情绪很难。因此，你需要做一些改变来为目标对象的恐惧重新定向。比如，可以推测你的要求让目标对象产生的担忧是："我应该让他进来吗？怎么做才是正确的选择？"要让他打消恐惧，可以这样说："我知道这个请求很唐突，但是管理部突然让我来这是因为事出有因。我更不愿意这样，但是我不能丢了这份工作。"

这样说也许能让目标对象的恐惧消除，进而转移到他的工作和令人苦恼的管理部门上。这样做就使得他放下了责任感，并帮助他做出决定。

研究帮助我们了解到如果我们的脸上呈现出恐惧、担忧和惊慌，只会对他人的情绪产生影响并引发更多的心理危险信号。

在这种情况下，我们最好是做出一个开心的表情，但是不能过度。面带微笑，头部微倾就能让你获得信任感。

关键的一点是要注意到情绪触发点。当你看到担忧或者惊慌情绪闪现时，你要对其有所反应。即便不能完全确定为什么对方会有这样的情绪，也要确保你能够将该情绪重新定向至其他原因或情绪。

分解

现在我要将恐惧分为几大部分来介绍。这样会帮助你对此有一个更清晰的认识，通过重现该情绪去影响他人，并注意自己是否有做这种表情的习惯。

以下是 PK 和我总结的一些窍门，可以帮助了解恐惧包含的动作。

- 尽量抬高上眼睑。如果可能的话，同时收紧下眼睑。对于恐惧来说，最主要的区别就是眼睛睁开的宽度，如图 5-4 所示。

图 5-4　抬高上眼睑，眼眉抬高至刘海内侧

- 如图 5-5 所示，水平咧开嘴巴。努力让嘴巴发 eek（发这个声音的时候嘴巴会向两侧水平咧开）的声音，就好像你刚刚看到了一只老鼠。这个表情会调动嘴旁的肌肉。

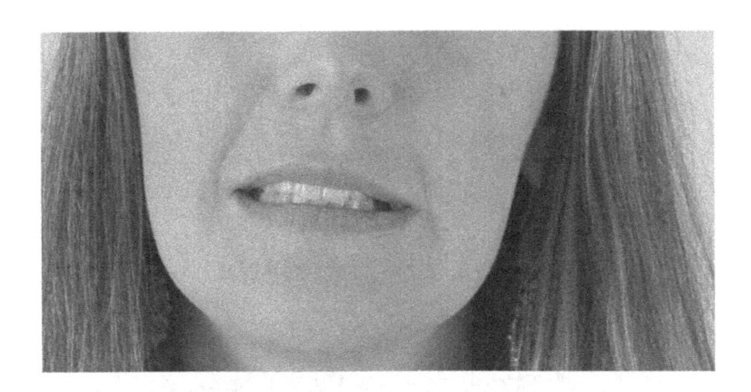

图 5-5　嘴巴向两侧咧开，嘴唇水平伸展开来

- 在收紧上眼睑的时候抬高眼眉，露出虹膜上方的眼白。

萨琳娜的额头和眼眉被她的刘海覆盖，这也让我们认识到很重要的一点：即使脸部被部分遮挡，我们仍能通过眼睛和嘴巴清晰地观察到恐惧的情绪。

在镜子前练习这些动作，之后观察出现的心理变化。如果你觉得这样复制恐惧的情绪有困难，可以站在镜子前，睁大眼睛，头向后仰，并发出 eeeeek 的声音。这样就会形成恐惧的嘴型。收紧的颈部会帮助你看到自己的样子并了解到相关的感受。

5.2.3　惊讶

与恐惧紧密相连的是惊讶。二者间有相似的表现。恐惧和惊讶经常被混淆。假设你出差了一个星期。在回来的路上你觉得烦躁不已，仿佛忘记了什么重要的事情。但是你觉得过一会儿就会想起来，所以就回家休息了。

你把车开进车道。房间黑漆漆的。之后你开了门，走进房间，打开灯。这时三十个人跳起来欢呼“生日快乐”。

会发生什么事呢？因为惊讶，你会睁大双眼，扬起眉毛，嘴巴张开，发出惊讶的声音（如图 5-6 所示）。通常惊讶的情绪会让人们先退到一旁，在意识到自己是安全的之后再走近让自己感到意外的东西。

图 5-6　虽然区别很微妙，但这是惊讶的表情，不是恐惧

在这种情绪下会发生什么事呢？你的身体已经准备好或战或退。但是在惊喜派对上，你很快就会看到一个不存在危险的场景。你的身体也会倾向于那个带来惊喜的物品。随之而来的是笑声和微笑。艾克曼博士称惊讶为“通路情绪”。因为当最初的惊讶带来的结果或后果实现后，它可以通向很多其他的情绪，如愤怒、开心和悲伤。

这些暗示对社会工程师很重要。在经过或战或逃的斗争并确定自己是安全的之后，惊讶能够变成美好感觉的通路。在这之后伴随的往往是笑声、微笑和开心的感觉。因此，这种情绪能够让你在试图影响他人的时候处于有利地位。

当然，我不是说让你在下次社会工程渗透测试时要藏在一个壁橱里，然后忽然跳出来大喊“生日快乐”。接下来我将换一种方式来说明这一概念。

在一次工作中，我进入一栋大楼，来到前台尝试获得准入权限。当我走进柜台时，我注意到那个前台工作人员看起来很伤心。我没有用像往常一样的接近方法，而是问她：“你还好吗？”她告诉我她丢了一只耳环。她很沮丧，因为那副耳环很昂贵，而且还是他丈夫送给她的礼物。我告诉她我也替她感到难过，还帮她一起找耳环。幸运的是，我在她的头发上看到了闪光，那是耳环发出的光。当她抬起手摸到头发的时候，她的脸上出现了图 5-6 的表情。

她特别开心，以至于一直都没有问我是谁。在她谢过我多次后，她只是问：“我们说到哪儿了？”我回答道：“哦，我要去见人事专员。五分钟后，我需要带着徽章去见他。”她给了我一个徽章，然后给我开了门。在这种情况下，惊喜和开心的情绪为我带来了成功。寻找让你的目标对象惊讶的方式并不需要从壁橱里跳出来就能实现。

分解

花时间去练习以下这些步骤会帮助你更清晰地表达、感受和观察这些表情，并获得经验。

惊讶的情绪中包含的肌肉动作如下。

- 在扬起眉毛的时候尽量睁大眼睛，如图 5-7 所示。眉毛在惊讶的时候会比恐惧时弯曲的程度更大。

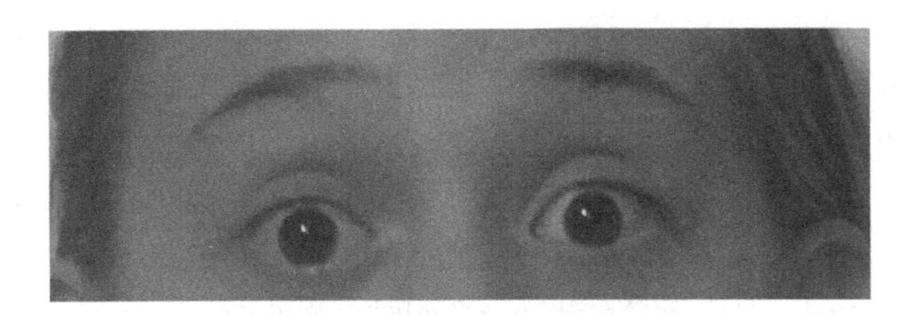

图 5-7 双目圆睁，恐惧时更是如此

- 你的嘴巴要微微分开，如图 5-8 所示。（想想“这是一次让人震惊不已的经历”或者“当我告诉他的时候，他的下巴都快掉到地上了”。）

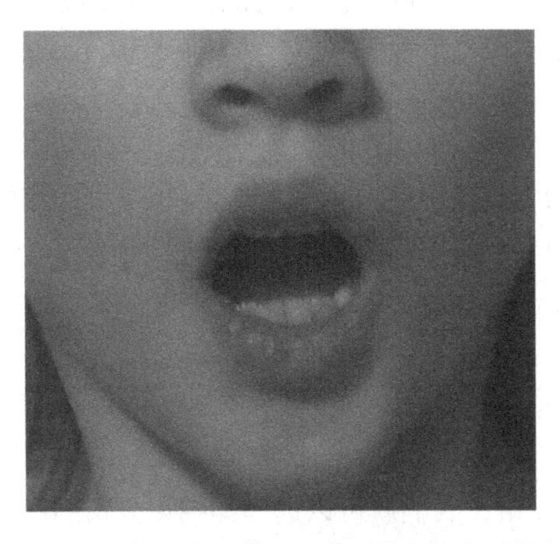

图 5-8 请注意张开的嘴巴：嘴唇并没有向两侧拉平

当你说“哦”的时候要惊讶地大喘气。

在表示惊讶的时候，眼睛会比表示恐惧时更放松。眼眉的拱形和扬起的程度会更大。而眼睛在表示恐惧的时候会呈现更多的眼白。

在感到恐惧的时候，我们会咬紧牙关或者张开嘴巴，但是无论哪种表现，我们的嘴唇都是向后拉回的。在这里我们看到在惊讶的时候嘴巴没有向耳侧方向咧开。尽管在这幅图中表现得没有那么明显，但是在典型的惊讶表情中，需要更夸张地发出“哦”的嘴型，下巴也要更向下。

起初会很难区分惊讶和恐惧的情绪，但是在经过练习后，你就能明白他人的心思了。

5.2.4　悲伤

我有些亲人是泰国人，所以我一直对那个地区的新闻比较关注。之前看过一个泰国北部难民营起火的新闻。一名 15 岁的女孩在这场大火中失去了所有至亲。她不但要生活在难民营中，还要孤单地活在人世间。在这个新闻的配图中，她的表情格外悲伤。

我从未见过那个女孩，但是当我看到这个新闻时，我的内心感受到了悲痛和孤寂。这就是悲伤的力量。人类都有同情和怜悯之心，这种情愫与生俱来，能够轻易地影响我们的情绪内容。

悲伤的程度可以从轻度不适到极度悲伤。读懂悲伤的情绪会帮助我们更好地交流和理解他人的情绪内容。作为社会工程师，学会适当地表现这种情绪对于获得对方的同情（与悲伤密切相连的情绪）大有帮助。

我曾经受雇通过电子的方式获得进入一栋大楼的许可。我的目标是用 U 盾将一些恶意攻击软件下载到该公司的电脑网络中。雇方想让我来检验他们公司禁止员工使用外来设备插入公司电脑这一政策的执行情况。

我穿了衬衫，系了领带，还夹着一个马尼拉文件夹。文件夹里装着我打印好的所谓“个人简历”。我和同事往 U 盾里加载了一份简历。这份简历中嵌入了恶意代码（亦称“壳”），如果该简历被点击，我们就可以远程操控该公司的网络。我还有一份好的简历，如果那份有恶意代码的简历“失败”了，目标对象还可以点击这份好的简历。

我把车停在了停车场，打开车门，然后把一杯咖啡洒在了我装着简历的那个文件夹上。

当我进入办公楼的时候，我知道我需要真实、恰当地表现我的悲伤，过于悲痛或微怒的表情都不合适。我的表情与图 5-9 所示的阿玛雅的表情类似。当我拿着湿漉漉的文件夹走到前台的时候，前台的秘书问道："哦，天哪！亲爱的，发生什么事了？"我快速扫了一眼她桌上的照片，然后看到了一个孩子和一只猫。

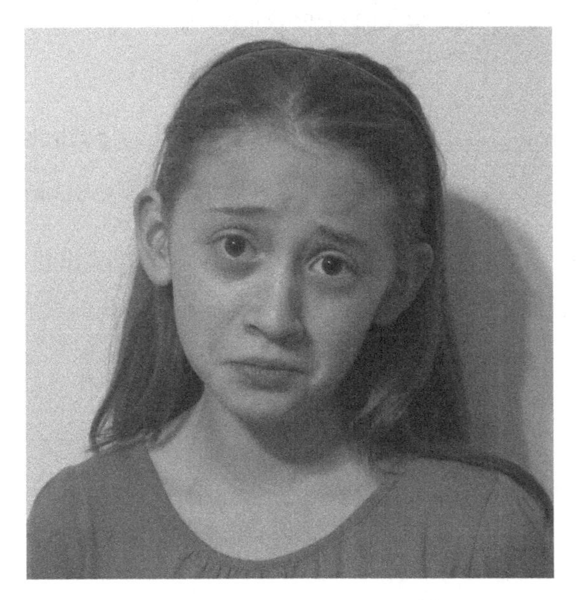

图 5-9 真正的悲伤是一种很复杂的情绪，但是也能形成情感上的联系

"我失业了一段时间，今天终于收到了这里的一份面试邀请。在来的路上，我心情十分紧张，突然一只猫从路边窜了出来，我喜欢猫，不想伤害它，所以我只好突然转向，结果咖啡洒到了我的文件夹和座位上。简历都湿透了。幸运的是，没撞到猫，不过简历是毁了。"

"哦，那太糟糕了。我能帮你做点什么？"

我的脸上带着深深的悲伤，回答道："我的 USB 钥匙里还存着简历。你能帮我打印一份吗？"之后我把电子钥匙递给了她。

几分钟后我的简历打印完毕。我收到了同事发来的短信，短信的内容是"壳"。之后秘书说："你叫什么名字？我会告诉琼斯女士你到了。"

“保罗·威廉姆斯。我和 XYZ 约了 11 点钟见面。”

“哦，亲爱的，你今天的运气不太好。这是 ABC，XYZ 在隔壁。”

“太不好意思了。你这么帮我，真是我的救世主。我现在得跑着去了，不然会迟到的。谢谢。”

我微笑着走出了门，感觉非常好。因为我得到了一份干净的简历，同时还能远程操控该公司的网络。

面部表情是我成功的唯一原因吗？不，根本不是。我的面部表情为我的故事增加了分量和可信度。如果表现得当，人们在看到这种表情后如实地感到悲伤和同情。

对于使用悲伤这一表情的忠告是，当我们感到紧张时，可以做出悲伤或者恐惧的表情。但是当你要表现自己非常自信、蓄势待发时，却做出了悲伤的表情，就会释放出矛盾的信息。因此，要小心处理你的面部表情。

分解

悲伤是一种很复杂的面部表情。它包含很多组成部分。懂得如何观察、重现和表现这种情绪对于社会工程师来说是一个强大的能力。

悲伤的情绪有以下组成部分。

- 嘴巴张开，或者虽然不张开，但是嘴角会下拉，如图 5-10 所示。

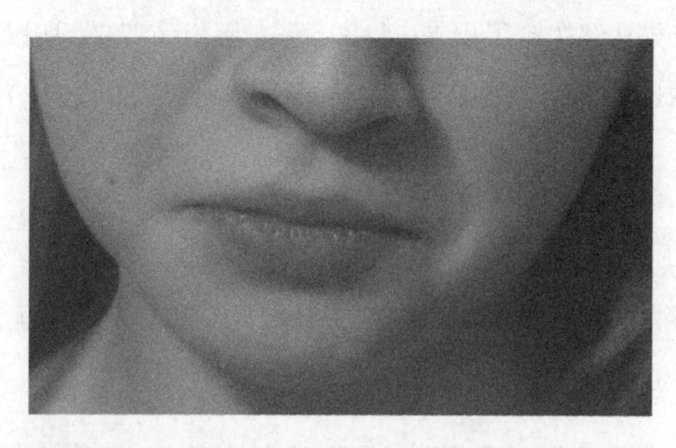

图 5-10 尽管嘴角只是稍稍下垂，脸颊只是微微上抬，也能清晰地表现悲伤的情绪

- 在保持嘴巴姿势的情况下上抬脸颊，这个动作和眯眼的动作比较相似。
- 当上眼睑下垂的时候要向下看，如图 5-11 所示。

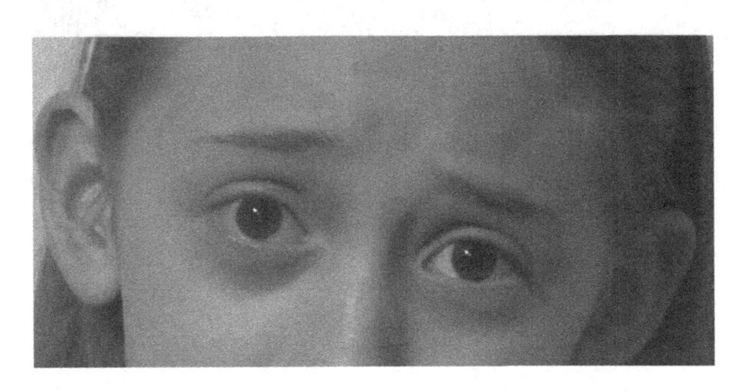

图 5-11　即使面部其他地方没有任何表情，我们仍能从双眼中读到悲伤

- 这些图片的另一个特点就是头会向下，前额会紧绷到有皱纹出现，如图 5-11 所示。
- 此外，请注意在典型的悲伤表情中，眼眉的内角会皱在一起，形成一个 V 形（如图 5-11 所示）。艾克曼博士注意到只有少数人能有意地完成这些动作单元的组合。PK 称这些人能够通过唤起同情而顺利地影响他人。他说演员伍迪·艾伦、内森·连恩以及图片中的阿玛雅都是能够利用眼眉表现悲伤的高手。

在极度悲痛的情况下，嘴巴会张得更大，嘴角也会下撇。图 5-10 中呈现的悲伤情绪是很微妙的，然而我们依然能够观察到阿玛雅下垂的嘴角。

有一点很重要，请务必牢记。那就是我们能清晰地从眼中看出悲伤的情绪。即使嘴唇并未向下，或者面部被衣物部分遮盖，我们依然能从眼中观察到情绪内容。

如图 5-12 所示，表现悲伤情绪的一个难点是对眉毛的控制。在某些情况下，悲伤的情绪会以下列方式呈现：

- 眉毛的内侧会上扬，而不是整条眉毛上扬；
- 眉头会抬起，并向中间聚拢；
- 双目低垂；
- 下唇的中心部位会向前突出。

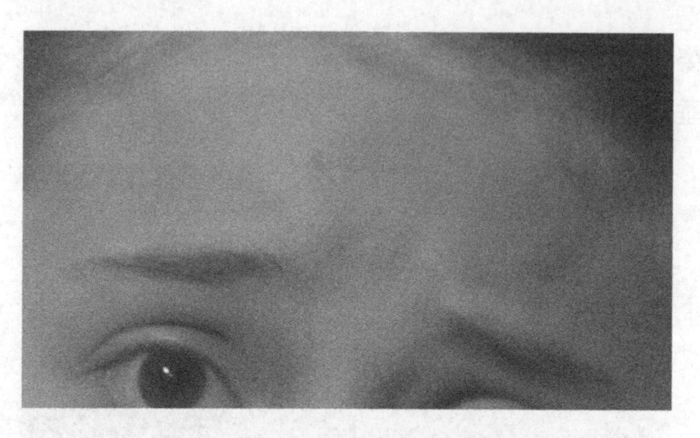

图 5-12 收紧的双眉能体现悲伤

只用眼眉就可以做出和悲伤或同情相联系的表情。这项技能可不是一蹴而就的。艾克曼博士称如果不是因为真的感到悲伤，很少有人能做出这样的表情。还是那句话，熟能生巧（还有建立共情联系）。

5.2.5 轻视

在《情绪的解析》一书中，艾克曼博士指出："轻视只是对于人或人的行为的感受，而不是对味道、气味或触觉的感受。"

周毅学（音译）是宾夕法尼亚大学的一名研究员。在他的论文《轻视与自尊》中，他将轻视定义为"对那些在道义或者社交上逊于自己的个人或群体的情感反应"。

费舍尔和罗斯曼在他们的研究论文《打击他们还是禁止他们：愤怒和轻视的特征及社会功能》中进一步给出了轻视的定义。他们认为轻视的目的是，将我们轻视的对象排挤出我们的社会团体或阶层。

从上述各种定义中，我们可以轻易看出轻视是一种消极的情绪。这种情绪是社会工程师在工作过程中不愿表现出的，也是不愿意在互动中从对方脸上看到的。

有一次我和一群销售人员在一起聊天，无意中听到一个叫吉姆的人在告诉大家他当月的销售业绩。他没有直接说他有多成功，但是他确信大家都知道他打败了拉尔夫。因为他在说话的过程中提到了拉尔夫当月差强人意的销售业绩。当其他人走开的时候，我在拉尔夫脸上看到了如图 5-13 所示的表情。

图 5-13　轻视情绪的单边表现

拉尔夫很快发现自己的表现不妥。他重拾回笑容，并追上了人群。他不想离群索居。我走到他身旁说："拉尔夫，我是公司的新员工。刚才那个人说的话简直蠢到家了。他看起来就像个傲慢自大的混蛋。"

拉尔夫看着我，仿佛我能读懂他的心思。他说："他没有那么坏。他只是更看重他自己……"他的声音逐渐弱了下去。

"好吧，不管怎样，我相信你下个月肯定能打败他。"

此时我已经走到了接近前门的位置。他为我打开了门，之后我尾随他进入了公司。他因为我对他的鼓励感谢了我。之后他走他的，我走我的。能够迅速地观察到面部表情并做出回应，让我找准时机在他人接受的情感层面与其互动。前面的互动让我取得了成功，最终我得以潜入办公楼。

轻视是我不推荐呈现的几种情绪之一。作为社会工程师，我看到过或者使用过轻视的情绪（如同在拉尔夫的案例中的表现），但是我并不想加入那种感觉。如果一直怀有轻视的情绪，那么这种情绪就会转变成愤怒。因为这种情绪会将我们带向消极的路径，所以我会丢弃这种情绪。

分解

轻视的情绪包括以下感觉，如优越感、装模作样，或者自大。这种情绪的呈现往往是单侧的，或者只由面部的一部分完成。比如扬起一侧的嘴角，抬起同侧的脸颊或酒窝。社会工程师要能够发现这些迹象，包括对方因为轻视情绪而表现的蛛丝马迹。这些迹象如下。

- 扬起一侧的脸，仿佛是脸颊的挤压导致了眯眼，如图5-14所示。

图5-14 请注意抬起的脸颊

- 扬起下巴，如图5-13所示。这样做是为了俯视所轻视的对象。
- 很多情况下，在表现轻视的情绪时，颊肌会抬起，脸部同侧的唇角也会不对称地向上扬起。如图5-15所示。

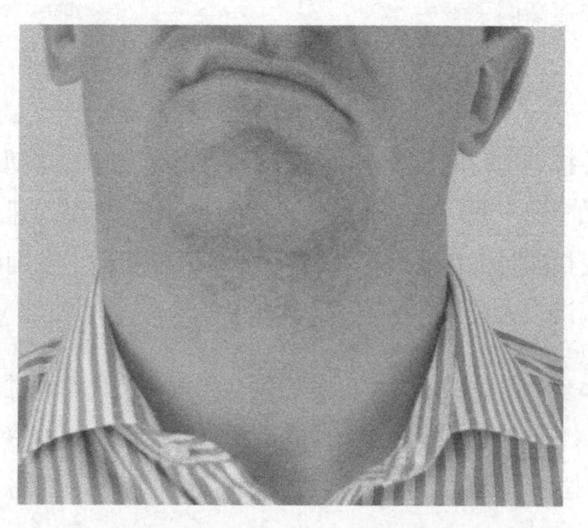

图5-15 在这个轻视的表情中，请注意嘴唇的不对称变化

- 我们需要认识到的是轻视的情绪可能是最容易观察到的情绪（仅次于开心）。你可能会惊讶能看到这种情绪的频率，但是不要忘记思索这种情绪产生的原因。

当嘴和脸颊的一侧因为轻视的情绪抬了起来，往往会产生一种假笑。之后可能会出现点头或者其他表现自大的姿态。

关于轻视要说的太多了。对于新手来说，这是一个很容易被错过的情绪，也是需要我们掌握的重要情绪。一旦学会识别轻视，你可以轻松地在日常生活中发现它们。

如果你在和别人交流的时候看到了轻视的表情，而又不知道为什么，那么这个时候请迅速重新评估是否需要对你的接近方法或者肢体语言进行改变。确保你的接近方式和表达不会太具有进攻性。不要使用任何可能冒犯他人的语言或者笑话。此外，外出工作时要确保自己在目标对象看来不会无礼。

5.2.6 厌恶

轻视的情绪往往是针对某个人，而触发厌恶情绪的原因却有很多种，比如气味、味道、触碰、景象或者是想到某些东西或某个人的感觉。更有甚者，我们自己或我们的所作所为都可能让自己厌恶。厌恶的情绪能够在一个人身上触发强大的心理反应。当你厌恶某个东西的时候，会有什么样的感觉？有些人会晕血。还有些人在想到呕吐的时候会觉得恶心。或许在读这一段的时候你已经开始做出如图 5-16 所示的表情。

图 5-16　在这个厌恶的表情中，我们可以看到厌恶以及深藏的愤怒

在我与 PK 的谈话中，他告诉我在测试和真实生活中人们往往会忽略厌恶的情绪，因为人们不能对其进行辨别。然而，训练自己在交流过程中观察厌恶的情绪能够极大地改变我们的交流。当我让大家列出艾克曼提出的七种普遍的情绪时，大部分人都迅速列出了开心、悲伤、惊讶、恐惧和愤怒，却少有人提到厌恶或轻视。而这两种情绪对社会工程师来说都是很重要的。虽然厌恶的情绪通常会与愤怒混淆，但这两种情绪都有各自独特的特征。

想象一名执法人员在和一名嫌犯进行面谈。在问到一名失踪人员时，嫌犯的脸上闪现了一个厌恶的神情。这意味着什么呢？该执法人员需要对此进行更深入的问询。他需要知道这个厌恶的情绪是因为嫌犯对他的厌恶还是因为想到了暴力场景，还是其他什么原因。

一旦经过训练后你就能够观察到这种表情，就如 PK 所说的："你看到的会比你想要看到的更多。"

分解

我们将厌恶的情绪分解为不同的部分，以便社会工程师在交流过程中理解和运用。请注意以下迹象。

- 皱鼻子，如图 5-17 所示，仿佛是要切断鼻子与异臭之间的联系。褶皱通常会出现在鼻梁上。

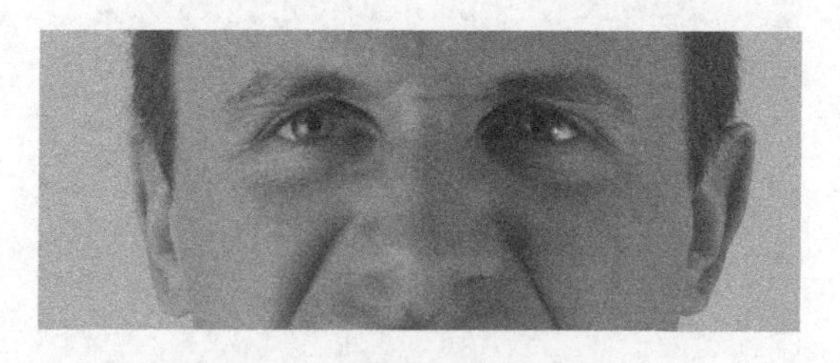

图 5-17　请注意皱鼻子的动作

- 嘴唇会卷起来，不过有时也会张开，并露出牙齿。图 5-18 分别展示了这两种情形。在典型的厌恶情绪中，上唇会靠向鼻子，露出上牙。

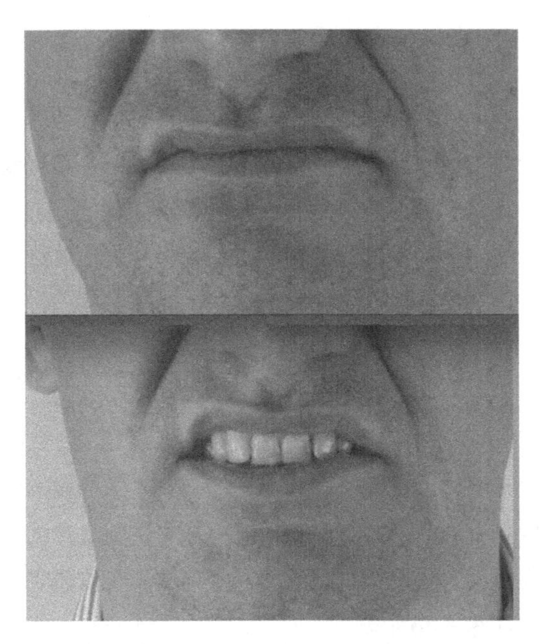

图 5-18 在感到厌恶的时候，嘴唇可能闭合，也可能张开。无论是闭合还是张开，我们都会看到卷起的嘴唇，露出的上牙，感觉几乎要咆哮。脸颊通常会出现大幅的褶皱，越过鼻梁，形成一个大大的、倒置的 U 形

- 如图 5-19 所示，眉头紧锁时，还会衍生出恼怒等情绪。

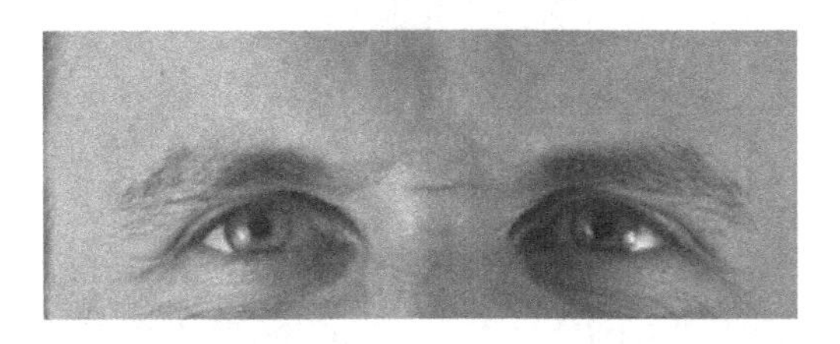

图 5-19 厌恶的情绪往往伴随着愤怒或不满，这从眼睛和眼眉中就能看出来。虽然眉毛会像生气时那样稍微皱在一起，但眼中的怒气却不如生气时那样明显

当脸在做表情的时候，很难通过鼻子呼吸。身体会尽量不让我们闻到或看到恼人的东西。

很显然，厌恶是一种令人不悦的情绪。即便只是看到别人做出这种情绪（如图 5-17 到 5-19 所示），我们都会觉得不安和急躁。对于社会工程师来说，察觉厌恶情绪能够帮助你理解目标对象的情绪状态并适时调整自己的沟通方式。

5.2.7 愤怒

愤怒是一种能够引发肌肉紧张的强烈情感。除此之外，愤怒还能使心跳加快、呼吸急促，烦躁的感觉也会随之而来。在《情绪的解析》一书中，艾克曼博士指出“愤怒情绪最危险的特征之一就是怒上加怒，之后迅速升级”（原书第 111 页）。之后，他在同一章节中将愤怒的情绪定义为最危险的情绪之一。因为这种情绪能促使人们因为自己的愤怒去伤害目标对象。

当我们愤怒的时候，就不能清晰地思考。我们的行为也会受制于这种消极的情绪。本书第 8 章会介绍像愤怒这种强烈的情绪是如何让我们的逻辑中心“停工”的。

在一次工作中，我把车停到了目标公司的停车场。车停的位置离前门很远。当我走近的时候，我看到一位男士从车里走了出来。他的车停在副总裁的停车位上。当时他正在用蓝牙耳机与别人交谈。我们之间隔了很远的距离，所以我听不到他们的对话，但能看到他脸上的表情和图 5-20 很相似。

图 5-20 愤怒的典型表现

我能看出这位男士很生气。我拿出电话，假装自己在打电话。之后我放慢了脚步，以便能够听到那位男士在说什么。

我偷偷听到他仿佛是和供应商发生了一些小的争执。这对我来说是个改变托辞的好机会。从他的话中，我得知和他通话的供应商是制作考勤系统的。我进了门，直奔前台，说道："您好，我是保罗，来检查你们的考勤系统。你们的老板告诉我你们和供应商有一些重大分歧，现在需要一个更有竞争力的报价。能告诉我在哪儿检查服务器吗？"

前台带着我穿过一扇锁着的门，进入了服务器机房。他对一名信息技术人员喊道："罗伊，保罗需要进去检查考勤系统。他会处理好所有的问题。"

以上就是一次因为观察到愤怒情绪而让我取得成功的经历。还有一次不那么成功的交流经历。当我和一位目标对象交流的时候，他开始贬损他的一位女同事。听到这，我感觉自己变得有点激动。他也一定是察觉到我露出了和图 5-20 类似的表情，因此终止了谈话并走开了。尽管很难做到，但是社会工程师需要在交流中抛开个人感觉和偏见，让目标对象自由地表达自己的观点，无论他的观点是否和你相左。

一次，我有机会采访一位执法审问者。他向我讲述了他逮捕一名嫌犯的经历。那名嫌犯因为偷窥女性的卧室来自娱而受到了指控。他有牛仔靴恋物癖，所以一旦女士有那样的靴子，他的激情就被点燃了。

一些办案人员想让他认罪。我们几乎都能想到那样的场景——办案人员用拳头敲着桌子或者作出威胁状。但是这些愤怒的表现并没能让那个嫌犯开口。之后，我的朋友走了进去，安静地坐下，脸上既没有愤怒，也没有厌恶。他开口说道："我也喜欢女人穿牛仔靴。我最喜欢天然棕色的靴子。"

看了他几眼后，嫌犯开口大声说："棕色？看到红色靴子后，你眼里还容得下其他颜色吗？"

从那之后，谈话得以顺利进行，那个嫌犯对其所有罪行供认不讳。社会工程师要努力不让自己的脸上呈现愤怒情绪的痕迹。因为愤怒会带来自己的主观感受，给工作带来灾难性的后果。

分解

在愤怒的情绪下会发生很多事。想想当你生气的时候会发生什么，是否会呼吸沉重或者变得紧张。这些都是正常的表现。我们的身体在备战，所以肌肉会紧张起来，呼吸会变得沉重，下巴会收起来以保护颈部，而双手也会握紧。

此外，脸部能够表现很多紧张和皱眉的动作。做这些动作时一定要谨慎，否则你会看起来很愤怒。

- 拉低眉毛，看起来好像要用鼻子碰到眉毛的内侧，如图 5-21 所示。

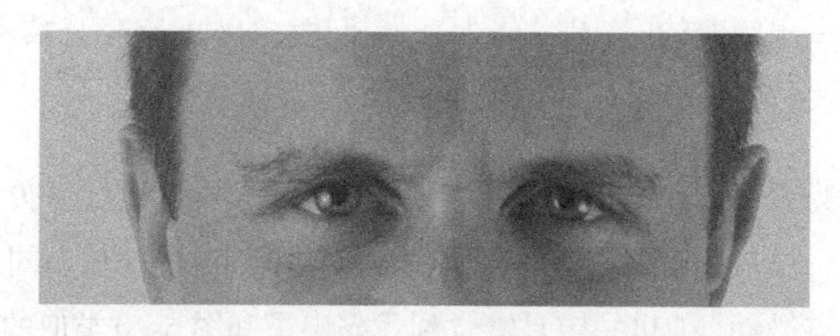

图 5-21　皱眉和瞪眼的程度很重

- 当你做了这个动作的时候，尝试瞪眼（如图 5-21 所示）。
- 紧紧挤压嘴唇。如果如图 5-22 所示，嘴巴是张开的，那就咬紧牙关，收紧下颌。

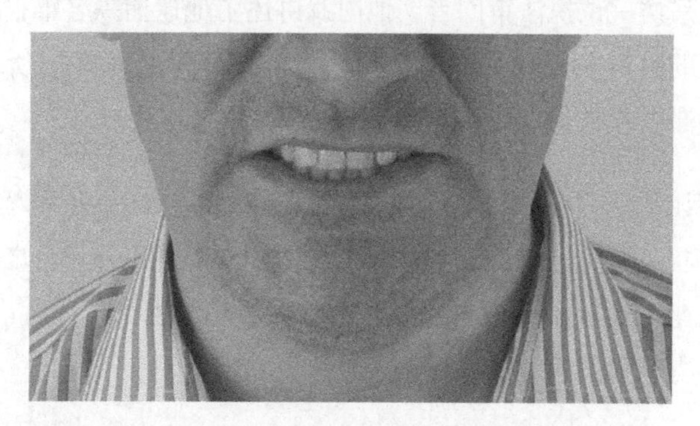

图 5-22　愤怒的时候会收紧下巴，咬紧牙关

- 下巴通常会收起来以保护颈部。（或战或逃！）

这些图片都不是暴怒的图片，但是这些微妙的暗示对我们来说是很重要的。总地来说，当我们看到这些表情的时候，哪怕只是微妙的表现，都能极大地帮助我们注意到愤怒的情绪。

在图 5-21 和图 5-22 中，本表现出的是典型的愤怒情绪。不过他所表现的都是些微妙的迹象。当人们异常愤怒的时候，眉毛并不会像在一般情况下那样皱起来。学会辨别，更重要的是控制这种情绪表现能够极大地帮助我们对目标对象施加影响。

5.2.8 开心

从艾克曼博士那里我认识到，微表情是对情绪触发点的神经反应和肌肉运动，这一认识对我有着深远的影响。因为这个道理反之亦然。如果我有意地做面部表情，也能创建神经反应和情绪。

这也是我为什么选择以开心的情绪结束本章的内容。希望在阅读完本章的内容后，你会露出开心的笑容。

真心的微笑是一种有力的工具。开心是最容易识别的情绪。也许此刻你读到这些的时候已经在微笑了。在看着一个婴儿咯咯笑的时候你能感受到自己也在微笑吗？当你听到别人在大笑时，是不是也会大笑，至少会感觉很开心吧？你不觉得这很有趣吗？

开心的情绪会有力地触发新的开心情绪。这也是为什么了解真正的微笑和假笑的区别是如此重要。

1862 年，一位叫作杜兴·德·布伦的医生写了一本名为 *The Mechanism of Human Physiognomy* 的书。书中介绍了他在法国做的一系列测试。他用便携电机通过点击来刺激人脸上的一些肌肉。他能通过刺激那些控制表情的肌肉使参与测试的人做出所有的表情。

术语“杜兴的微笑”就是源于他的研究。这种微笑的特征是：颧骨和眼轮眶肌间的肌肉分别带动嘴角和脸颊肌肉提起，并在眼角处形成鱼尾纹。请对比图 5-23 和图 5-24。

图 5-23　在“杜兴的微笑”中，嘴角会上扬，眼睛也会微笑

图 5-24　在“社交微笑”中，眼睛不参与表现微笑

艾克曼博士经常提到“真诚的微笑”和“礼貌的微笑”。在如图 5-23 所示的真诚的微笑中，我们可以看到萨琳娜的嘴和脸都参与了微笑。眼角的皱纹，也就是我们常说的“鱼尾纹”，是真诚的微笑的一个特征。事实上，即便不看萨琳娜的嘴，也能从她的眼中看到开心。此外，她眼睛闪烁出的光芒也是在“社交微笑”（见图 5-24）中看不到的。

如果你表现出了社交微笑，一般的人并不会看着你，心想：“哇，那个人只用了颧骨主要肌肉而没有使用眼轮眶肌间的肌肉。那个笑容肯定是假的。”但是对方会觉得不舒服，认为你没有表达真实的情感。

社会工程师希望能让目标对象微笑、感觉良好，认为自己值得信赖。一个真诚的微笑就能实现这些目标。在名为“微笑的价值：人脸博弈论”的研究中，斯加勒曼、埃克尔、卡雷尔尼克和威尔森指出，微笑这个简单的动作就能建立起你与对方的情感纽带，并告诉对方你值得信任，能为对方带来快乐。

在了解这些后，社会工程师理应确保自己能够在掌握紧张、恐惧、愤怒和其他感觉外，同样掌握开心的情绪。能够帮助我们的是相互混杂的各方面，如倾斜头部（下一章内容）、开放的腹部动作（见第 3 章和第 4 章）以及压低的声音（见第 2 章）。

分解

按照以下的步骤操作就可以表现出真诚的微笑。

(1) 开始思索那些让你开心的事。

(2) 在扬起嘴角的时候抬高脸颊，如图 5-25 所示。

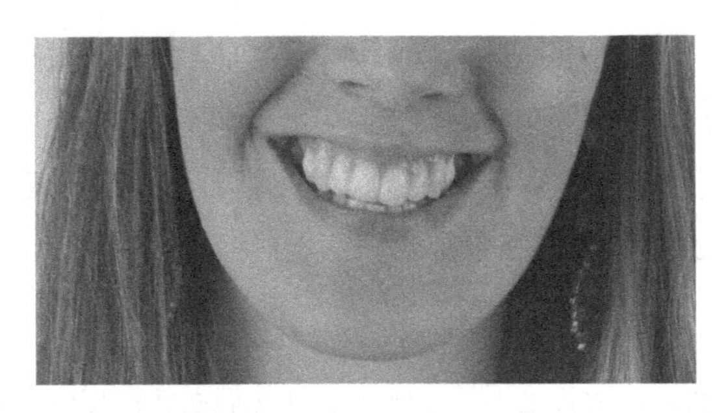

图 5-25 请注意脸颊抬起的方式，这样做将嘴唇上拉，形成了微笑。真诚的微笑能够调动更多的脸部器官，包括嘴、脸颊和下颌。有时还会有脸红的现象

(3) 不眯眼睛，提高脸颊。这样做会把眼睛向上推，形成鱼尾纹（见图 5-26）。

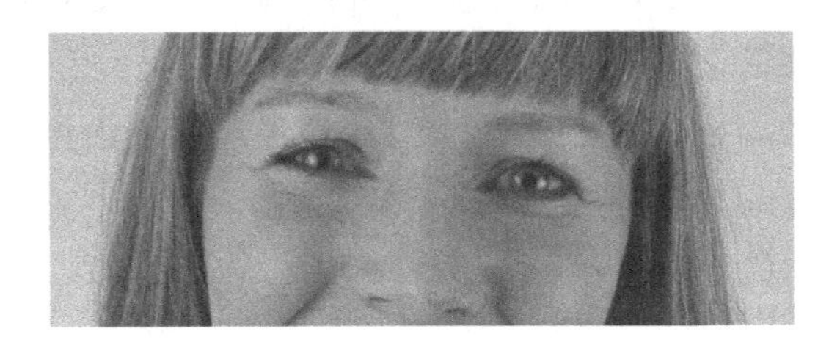

图 5-26 我们能从眼睛里看到真正的开心

当别人在真诚地微笑时，你多看他一眼，也会多一分开心。这源于大脑接收情绪的方式。我们看到的情绪表现越多，对这种情绪的感觉就越清晰。

阅读完本章的内容后，你或许会好奇怎样才能通过练习去识别这些情绪。

5.3 完美的练习造就完美

学习如何模仿和识别社会工程师所使用的技能，既是成为一名社会工程师的必由之路，同时也是保护自己远离恶意的社会工程师攻击的方法。学习观察面部表情并不像我们想象的那么困难。像艾克曼博士那样的研究人员毕生都在研究这个课题，而且还开发了工具来帮助人们学习如何识别面部表情和肢体语言背后的含义。借助艾克曼博士的微表情培训工具 METT（Microexpression Training Tool ）和 METT 培训

高级工具，我的技能得到了磨练。在我的培训课上，我也使用这些工具帮助我的学生学习相关技能。

这些并不是唯一的方法。我的学习历程始于艾克曼博士的著作《情绪的解析》和一面镜子。我坐在那面镜子前，按照书中每个章节描述来运动我的脸。我时而看镜子时而不看，尝试体会其中的区别。我反复进行这样的练习，直到我觉得我的面部表情已经能够做到和书中所述类似的程度。在那之后，我开始分析在我身上发生的情绪和动作，确保二者能够匹配。

我也开始观察身边的人，看我是不是能够注意到他们面部做出的宏表情。我还让自己在每次交流时都要找出一种微表情。比如，在镜子前练习完愤怒的表情后，我就了解到生气时会瞪眼、皱眉，嘴巴和下巴会收紧，下颌会放低。之后我就开始观察我的家人和朋友，在他们的脸上寻找这些微妙的迹象。我讶异于我所看到的一切，因为我的面前仿佛呈现出一个新的世界。我能在谈话中清楚地了解家人真实的情绪。然后我就开始犯所有菜鸟都会犯的典型错误：我相信我所看到的表情，我认为自己知道为什么对方会有那样的表情。最初，这个错误让我深感挫败。当我学着控制那种冲动的时候，我开始观察情绪，并认识到需要学习的还有很多。渐渐地，我与孩子、妻子、朋友和他人的交流能力有所提升。

然后我发现了面部表情的商业含义，意识到我能够利用自己掌握的非语言交流技能影响他人的情绪。

我发现练习得越多，我掌握的速度和准确度就越高。我自己教授一个 5 天的培训课程，在一次课后，一个学生问我能否“关闭”这种能力。我说不能。虽然我并不认为我们一直需要使用收集到的信息或对其作出反应，但是一旦我们知道了什么事，是很难停止的。

我把这比作学习一门外语。我曾多次去过中国。为了让旅行容易些，我开始学习中文。在几节课后，我惊讶地发现我经常能够在中餐厅里听到少量自己知道的词汇。

这和面部表情的观察是一个道理。我们了解得越多，那么能在无意中“听到”的就越多。因此，关于面部观察有以下两条规则：一是老话说的“熟能生巧”，但是错误的练习对我们的技能提升并无益处，所以我们要把这句话改为“完美的练习造就完美”；二是不要以为自己知道人们情绪背后的原因。

5.4 总结

面部不仅能通过有意识的宏表情表现人们的情绪内容，也能通过无意识的微表情做到这一点。学会观察表情内容，并识别“热点”（矛盾）能提升社会工程师的专业技能，同时帮你找出正在进行恶意攻击的人。

从更私人的角度来说，对面部的了解能够帮助我们更好地了解自己，了解如何与他人沟通。这会让你与他人建立持久的关系，更好地交流以及深入了解周围的人。

我在都柏林授课的时候，曾遇到一位非常年轻而且有活力的德国女学生。她热爱人际交流背后的心理学，在交际方面也颇具天赋。当我带着学生们出去工作的时候，我抓拍了一张她的照片。抓拍的内容是她“专注的脸”。那张脸上呈现的是典型的愤怒情绪。

在和那个女学生工作的时候我给她看了照片。这对于她未来的交流有很大的帮助。这种自我意识能极大地帮助我们提升技能，还能帮助我们控制自己的情绪内容。

有时在培训面部表情的时候，学生们会觉得不知所措。因为有太多部位参与情绪的表现，还有太多的方面需要观察。每每遇到这种情况，我就会先用一堂课来介绍一些稍微容易些的内容。然后再带领他们投入到更具细节的工作中。

这堂课讲的就是舒适和不适的表现及其区别，而这也正是下一章讨论的主题。

第 6 章
了解舒适和不适的非语言表现

“很多时候是不适的感觉扩大了舒适区的范围。”

——彼得·麦克威廉姆斯

如同本书前几章的讲述方式一样，但凡在教授社会工程课程时，我都会讲到肢体语言和面部表情。一些学生会对自己需要观察的事项感到茫然无措，他们认为观察太多的东西会分散注意力。我没有帮他们想出什么观察所有表情或线索的捷径，而是告诉他们做一件事：寻找舒适和不适的迹象。每个人都会有自己肢体语言的基准态，因为不适导致的基准态变化能给社会工程师提供很多信息。“真相奇才”PK 注意到，这种基准态的变化被艾克曼博士称之为“热点”。曾负责“奇才项目”的奥沙利文博士指出，那些奇才们在测试的时候常会观察他们的受试者，然后通过对舒适和不适表现的识别进行判断。

想象你的目标对象是本，并希望与之对话，以便进行信息采集。当你接近他的时候，看到他将双手放在后脑勺上，脸上流露出如图 6-1 所示的满意神情。

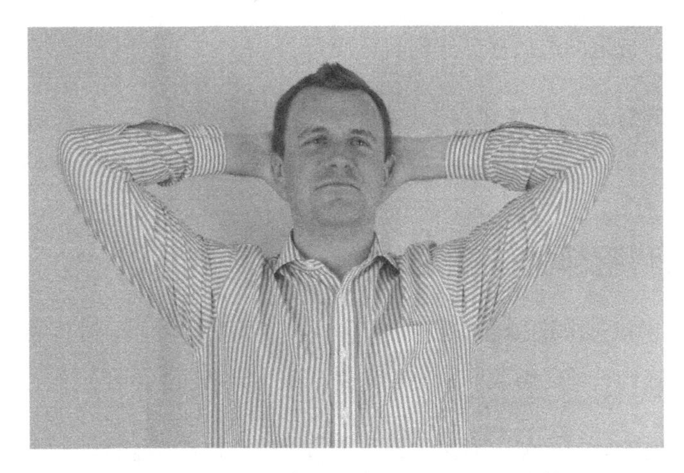

图 6-1　本很满意，他感觉很舒服、很自信

当你开始同他说话的时候，你的问题围绕着他的公司展开，之后他做出了如图 6-2 所示的动作。

图 6-2　在本身上发生了什么变化？

当本考虑做决定的时候，他开始感到不适。他颈部的肌肉紧张起来，开始怀疑自己继续对话并回答问题是否明智。他的姿势也从自信变成了十分不适。

对于社会工程师来说，这种变化包含了极大的信息量。我们可以清楚地看到本的情绪，以及这种情绪对他的影响。此时，聪明的社会工程师会迅速判断出自己是否能够继续跟进或是避让。进退的选择视工作的目标而定。

本章内容主要讲述的是关于观察这些微妙的，或者没那么微妙的舒适与不适的信号的，以及社会工程师如何运用这些信号。接下来将通过几个部分来进行介绍。

6.1　颈部和脸部的安抚动作

除了我们之前讨论过的揉颈部的行为外，社会工程师还能注意到其他明显不适的迹象。关键是要找到一种能够表明目标对象受某事物影响而感到不适的行为变化。

与男士用手揉他的后颈相似，当女士感到害怕、被威胁或者担忧的时候，她们通常会把手放在胸骨上切迹（suprasternal notch）的位置，如图 6-3 所示。

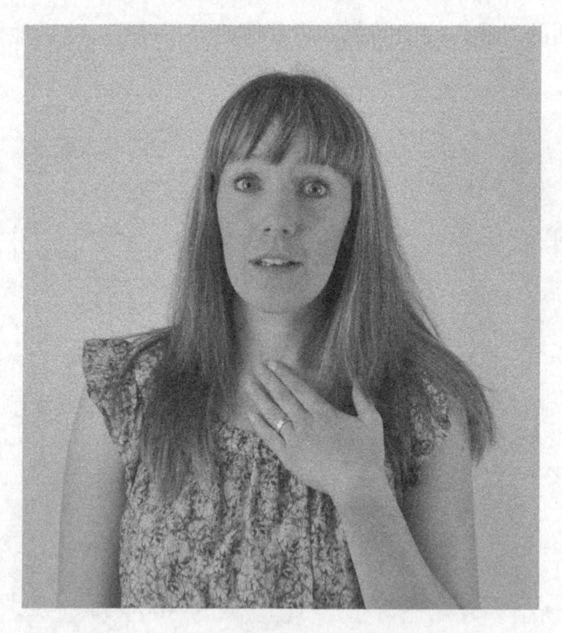

图 6-3　这个颈部安抚动作表现出了不适

曾经有一个孩子在商店走失了。我同查看安全录像的人员进行了交流。他们注意到，当妈妈得知孩子走失时，首先做出的动作就是图 6-3 中的动作。

社会工程师可能会注意到的另一个舒适基准态变化是揉擦脸部的动作，如图 6-4 所示。

图 6-4 揉擦脸部是安抚动作

当社会工程师注意到这些动作后，他们就会知道对方对当前的决定或处境感到了威胁、不安全或者不适。艾克曼博士和其他的心理学家将这种非言语动作定义为“操纵性动作”。

当我们在做艰难的决定时，揉擦或者抚摸流经颈部和胸上部的两条神经（交感神经和颈动脉窦）能起到安抚作用。

注意事项

社会工程师需要注意对方行为的变化。如果一个人在我们刚接触他的时候表现得很舒适，但是之后开始揉擦脸部或颈部，那我们就需要注意了。如果发生这样的情况，我们要迅速判断是我们本身，还是我们所说的话触发了这种行为变化。

我曾与一名执法人员讨论过摸脸和揉颈部的动作。他告诉我这样一个经历。一次，他去一户人家询问他们一个亲属的下落，那个人当时正被警方通缉。每当我朋友提到他的名字以及他们房产的某个位置——车库的时候，都会发现逃犯的妈妈会把手放到颈部，就像图 6-3 中所示的那种姿势。在多次看到这样的情形后，我的朋友决定增加这个提问的次数。之后他问，既然没有什么隐瞒的，是否能搜查之前提到的车库。在得到许可后，我的朋友径直走向车库，找到了藏在那里的逃犯。

关注这些行为变化能够帮助我们了解他人的情绪内容。当我们了解到是什么事引发了行为变化的时候，要看这个变化是否可利用，进而决定是否进行信息采集提问以证实自己之前的猜测。

在一次工作中我得以使用这些技能。那一次我要通过第三方的保安，进入一个大的仓库。如果要进入该仓库，访客需要向保安提供政府颁发的身份证件（如驾驶证或护照）的复印件。

穿过一个陷阱式的结构，我来到了安检台。这个过程还算顺利。之后安检台的保安对我说："请出示您的驾驶证，我需要一份复印件。然后才能发给您徽章。"

在工作的时候我通常会把钱包放在车里，那天也不例外。所以我首先做出了一个不适的表情：我抬起头，用手揉着后颈，回过头看着那个巨大的金属陷阱式结构，说道："天哪，对不起。我把钱包落在车里了。"我在保安的脸上看到了坚定的神情。所以在他下驱逐令之前，我又说："等等，您需要的就是一个官方的身份证来证明我的身份，对吗？"

"嗯，大体上就是这个意思。"

在继续谈话前，我问道："那公司的身份证件可以吗？"

"哦，那太好了，没问题。"听到这，我放松了脸部和身体，拿出了伪造的公司身份证件。我说："这个证件有我的照片，还有包含个人信息的条形码。您可以复印这个。"

几分钟后，我戴着访客徽章，在保安的陪同下来到了设备处。

社会工程师还需要注意那些人们在感到不适之后做出的姿态。我们可以利用这种感觉去影响对方的情绪内容。比如，如果你要扮演一位因为面试迟到而神情紧张的人，那么做出那样的姿态就能增加你的可信度。

6.2 捂嘴

当在报纸或杂志上读到关于灾难的新闻时，我们通常会看到人们做出图 6-5 中那种表情。

图 6-5　因为震惊或惊讶而捂住张开的嘴

如前所述，当我们感到害怕或是惊讶的时候，我们的身体会通过倒吸气做出“或战或逃”的反应。如同摸脸和揉颈部一样，遮住嘴巴也被视为自我安慰的自然反应。震惊、惊讶或者恐惧往往伴随着不适的感觉，之后就是人们自我安慰的行为。

如果你观察到某人由镇定的基准态转变为如图 6-5 所示的状态，那么请重新评估你的接近方式，确保自己不是那个让别人受到打击的对象。

注意事项

若发现对方做出捂嘴的动作，请尽力找出导致该行为的原因。要牢记艾克曼博士强调的关于情绪产生原因的问题。要思考这样的表现是因为愤怒、悲伤还是恐惧。这些情绪会改变我们的推进方式。如果这是对某个公众事件的反应，我们可以利用这些情绪成为对方的一员。

想象一下如果我们是在案发现场，或者是目睹了某些可怕的事件。当大家都捂着嘴，倒吸着气，并把脸转过去时，人群中却有一个人脸上洋溢着笑容。你会怎么想？那个人没有融入群体中，却以一个不好的方式引人注目。类似地，社会工程师需要注意自己要接近的人群是否因为某个事件而震惊和惊讶。融入群体的捷径是和自己周围的人群表现出同样的情绪内容。

寻找（或者更恶劣的是，制造）一种可以利用重大事件加入某个群体的情境，虽然这种做法听起来让人不安，也很恶劣，但却是恶意攻击者屡试不爽的伎俩。

如果没有很好的理由，我不建议社会工程师使用这个方法。如果你的交流对象在震惊和恐惧之余，觉察出来他们无端被耍，他们会觉得困惑甚至气愤。

6.3 嘴唇

嘴唇能提供舒适或不适的海量信息。这不仅仅因为它们是发声的器官，更重要的是，它们在不说话的时候也能发挥一定作用。

有时候对方明明想说什么，但却欲言又止，嘴唇的动作会表现这一点。嘴唇也会告诉我们对方的紧张或是不够自信。这些微妙迹象可以增加社会工程师的行动把握。

假设你在工作时要面对你所讨厌的经理。你对她说了一些刺耳的话，然后她报以如图 6-6 的表情。

图 6-6 双唇紧闭表明是在生气

当她看着你的时候，双唇紧闭，如图 6-6 所示。即使是在压抑愤怒的情况下，紧闭的双唇仍是愤怒的标志。在本质上，紧闭的双唇能阻止我们说出那些拼命想说出的话。紧闭的双唇也暗示做这个动作的人正在考虑是否要采取行动，或者应该采取怎样的行动或反应。

我们还要注意撅起的嘴唇。像紧闭的双唇一样，撅嘴也可以暗示欲语还休的状态。不过撅嘴不代表生气，而是不确定。当你问别人一个她不确定怎样回答的问题时，你是不是会看到如图 6-7 所示的反应呢？

图 6-7　不确定的表现

在图片中，萨琳娜看起来犹豫不决。别人问了她一个问题，她在思考怎样作答。

在图 6-8 中，本表现得有点不舒服。他不仅不确定自己想不想回答那个问题，还表现出对那个问题感到不满。他的眉毛向下聚拢，这表现出了认知负荷（正在思考），他也很可能生气。在问过一个艰难的问题后，我们要寻找撅嘴的表情，以确定对方是否对谈话感到不适。

虽然这些并不是欺骗的明显标志，但是如果社会工程师看到这些表现，他可以锁定该目标区域的信息，以观察是不是存在欺骗行为。

图 6-8 不适和不确定

最后我想说的是表现极度不适的嘴唇动作。咬唇代表焦虑，如图 6-9 所示。

图 6-9 咬唇是焦虑的表现

如图 6-9 所示，我们不仅能从萨琳娜的嘴唇看出她的焦虑，还能从她眼神中看出焦虑的情绪。她眼睛张开的宽度与在感到恐惧或惊讶时的宽度类似，这表明她感到焦虑。

有些人有做这个动作的习惯。我们要注意这个动作何时开始何时终止，因为这个动作能够表现基准态。之后再观察其变化。通常情况下，人们在焦虑的时候会做出这个动作。

有时人们在焦虑的时候不只会咬嘴唇。你还会看到与图 6-10 和图 6-11 相似的表现。

图 6-10　咬手指是焦虑或紧张的另一个表现

图 6-11　咬或者嚼东西是紧张和沉思的表现

图 6-10 和图 6-11 都能表现沉思、焦虑或思考（认知负荷）。

注意事项

机灵的社会工程师会在交流过程中关注上述嘴唇动作的变化，观察对方何时开始有这些表现，并记住与此同时发生的谈话或是问题是什么。和其他所有嘴唇动作一样，舔嘴唇也可以归类为非语言操纵性动作。操纵性动作的增加是偏离基准态的表现，同时也是我们需要关注的“热点”。

这些操纵性动作能够表现紧张、焦虑或者抑制。它们都能很好地表现或预示不适。

社会工程师需要注意自己是否在交流过程中引发了这些动作，如果是的话，要调整自己的行为。同之前章节提到的其他动作相似，我们同样可以利用嘴唇的动作微妙地影响他人的情绪。

举例来说，当你想请他人帮忙的时候，稍稍咬唇或者撅嘴能够表现出这件事对你来说难以开口。这会为你赢得对方的同情。或者当你讲述一件事情的时候，提到如果任务不完成你可能会丢工作时，做一些撅嘴的动作能够为你的故事增加分量。这样能体现出你对于自己所说的话是多么羞于出口。

无论观察还是使用这些动作，都要学会识别这些动作的含义。这会对社会工程师的成功起到巨大的作用。

6.4 遮住眼睛

当人们感到极度悲伤的时候，会使劲闭上眼睛或者甚至把眼睛遮住，如图 6-12 所示。这是为什么呢？出于生理反应，我们的身体要阻挡或遮住让我们伤心的物品。这种情况也发生在人们不那么悲伤，但是努力阻挡那些能让他们生气、悲伤或愤怒的对象时。

如果你在工作中看到对方做出这种表现，这正是分析出现这种情绪的原因的好时机，并观察这个表现是否是情绪的基准态。

当我年轻的时候，人们流行用“妈的”作为开场语去侮辱他人。这似乎适用于任何场合，而且通常会带来笑声。一次我和一位密友在一起，我们彼此相互调侃，当我用到这个词时，我看到了和图 6-12 类似的情形，还有我朋友的眼泪。我忘记了几周前她妈妈去世了。我迟钝和冷酷的言语勾起了她的伤心事。她的表现是努力隔离给她带来痛苦的对象，也就是我。

图 6-12 遮住眼睛是典型的悲伤的表现

注意事项

如果你看到对方有遮住眼睛的表现，并且这种表现并不是由你所说的话造成的，那么最好的问题就是问一句“一切都还好吗”。看出他人的悲伤并表示关心，没有比这能更快建立密切关系的方式了。

这个动作十分了得，它还可以用来从他人那里获得同情。在正确的时间微妙地做出这个动作，能够为自己制造悲伤的感觉，还能够吸引他人接近你并对你表示关心。骗子和社会工程师一直都在上演同情和援助的剧情。

6.5 自我安慰和倾斜头部

我一直都觉得这是一个非常有趣的部分。在 20 世纪 80 年代，所谓的“销售大师”曾说过，如果一个人交叉双臂，那是因为他不感兴趣或者把自己与他人隔离开来。可后来的研究表明，这个说法是错误的。有人那样站着只是因为比较舒适，有人是因为觉得冷，还有人只不过是出于习惯。

对于社会工程师来说，则可以从中观察和判断对方情绪基准态的变化。大部分女士认为那样的站姿是在自我安慰。她们交叉双臂置于胸前，如图 6-13 所示。

图 6-13　这是自我安慰的表现，也可能意味着某些改变

关键是要注意这种动作是不是在一个特定的时间点出现的。假如在接近一群人的时候，你注意到一位女士将双臂放在身体两侧。当她看到你走近的时候开始交叉双臂。这对于你来说是一个很好的出发点，可以帮你判断是否是自己的接近方式引发了她的不适感。

回顾情形、环境以及事物的改变能够让我们更好地了解情绪变化。优秀的社会工程师会分析对方的不适程度，通过观察和提问推断造成其不适的原因，之后再做出相应的调整。

本章最后讨论的自我安慰的动作是倾斜头部。这个动作的意义与开放腹部的动作类似。恰当地倾斜头部并带着微笑，这个动作就成为强有力的交流工具。不过请牢记微笑一定要真诚，头部的倾斜一定要微妙。假笑和严重的头部倾斜让你看起来有精神错乱之感，而且不靠谱。但是恰当的倾斜角度能让你看起来值得信任，还能表现出你的友好，如图 6-14 所示。

图 6-14 恰当地倾斜头部并微笑是安抚动作

在图 6-14 中，本真诚地微笑，头部倾斜得也恰到好处。这个动作是说："我信任你，很高兴认识你，所以你可以信任我。"这种高度舒适的动作会让对方感到温暖，如图 6-15 所示。这种表现会告诉与你交流的对象："我信任你，所以你也可以信任我。"

图 6-15 萨琳娜头部倾斜的角度说明她对这个关系的态度是开放的

萨琳娜很开心，毫无戒备，随时准备加入这段关系。我们可以看到她满脸都是笑意。头部倾斜的角度也要比本的大，这说明她是开放的。

倾斜头部、微笑并作出开放腹部的动作是非常有效的策略。美国前总统比尔·克林顿就善于此道。他会举起手掌，微笑，倾斜头部，作出邀请你加入的动作。正是这个非言语动作帮助他赢得了美国人民的心。

前美国副总统候选人萨拉·佩林也尝试过使用这个动作。她笑起来很好看，头部倾斜的角度也很恰当，但她经常会加入一个耸肩的动作。恰恰是这个动作使得她看起来对她自己和她传递的信息没有自信。

注意事项

在做这个动作的时候，社会工程师要认真观察自己。当你感到不安的时候，就会变得很紧张。紧张会让你看起来死板、僵硬，这样一来，你既不能很好地微笑，也不能恰当地倾斜头部。因此，首先要观察自己的动作，然后确保你所表现的情绪与你的身份相匹配。

此外，我知道我已经在本章说过太多类似的话，但是我不得不再次告诉你观察基准态的微妙变化有多么重要。因为这些变化就是“热点”。最近我的妻子和我讲述了她和朋友们的一次经历。当她对我讲述事情经过时，她是微笑和开放的。但是当我问她某个人的情况时，她交叉双臂，声音低沉下来，语气也僵硬起来。那一刻，我知道她们之间一定发生了什么。但是我也知道不能只是问“发生什么了”。

我说：“你好吗？你看起来很不安。”

“嗯……，”她在考虑是不是要告诉我，“是有一点，是这样……”之后我知道了整个事情的来龙去脉。时刻警惕交流对象的变化，因为这个变化能给你足够的信息去改变自己的肢体语言和交流方式，这样就能收集更多的信息。

6.6 总结

以下内容对人际交流有指导意义：非语言交流会影响他人对我们的看法，所以我们要明智地、谨慎地使用这些动作并多加练习。如果我们想让他人感到舒适和安逸，就要学着自觉地运用非语言交流。

此外，还要注意那些对交流无益的消极或者不适的动作。它们可以用来支撑你的托词，但是要谨慎使用。

注意舒适和不适的程度是解读非语言交流的良好开端。学习、使用并控制你的动作能让交流变得更好。更棒的是，这还会改变他人对你的看法。

在结束本章关于非语言交流的内容后，我们还有一些未解的问题。这些问题主要集中在：这些行为是可控的吗？我们能精确地找到大脑中控制非语言行为的位置吗？在下一章我们会回答所有的问题，并介绍更多的内容。

第三部分

科学解码

第 7 章
人类情感处理器

“我们不曾意识到，正是生活中微小的情感在导引着我们的生活。”

——文森特·梵高

如果说我们的大脑和电脑类似的话，也未免太简单化了。电脑有一系列的硬件，这些硬件互相作用以创建我们需要的输出。

当我们双击鼠标打开某个程序的时候，代码会在你的电脑中运行，调用内存分配给该程序。之后电脑的内核会将程序代码加载到内存中，跳转到特定区域的内存，并开始运行程序。如果一切按计划执行，你会得到一个与所需输入对应的图形化的输出。当我使用电脑打这句话的时候，我触碰键盘上的按键以触发电脑内部的代码。电脑的内存和处理能力使得我需要的字母呈现在电脑屏幕上。如果我不停地敲击键盘，屏幕上就会出现无意义的数据。如果我闭上眼睛，什么也不想或者什么也不看的话，电脑屏幕上也会“胡言乱语”。当然，这其中也可能会有可以拼读和表意的词汇，但它们是无计划、无重点的。

这个过程与我们的大脑处理情绪内容的过程并没有太大的区别。我们的感官会接收来自外部的刺激（这与使用键盘和鼠标很相似）。我们的记忆或者生活阅历，还有现实的记忆（我们的存储）会评估该内容如何触发情绪和反应。我们内部的处理器（与电脑的处理器类似）会触发代码运行，并告诉我们如何在先前经验和当前“处理能力”（你此时的情绪内容）的基础上做出反应。

对上述内容的理解也是理解非言语交流的关键所在。如果我们在与他人交流的时候忽视了上述内容，那么我们就如同“胡乱敲击键盘”一般。虽然可能有所收获，甚至会正确地输出一些段落，但总体上却制造了一堆胡言乱语。

需要重点注意的是，我们的情绪会影响我们对现状的看法和反应。比如，当我年轻的时候，我很喜欢吃鸡蛋。我的妈妈会做一种她称之为“面包蛋”的食物（我知道这不是什么独创性的食物）。她会在白面包上切下来一个圆形的部分，然后在平锅里煎那个白面包，再在面包中间打一颗鸡蛋。我对这份黄油般美好的早餐充满了期待。

因为我们养鸡，所以总能有新鲜的鸡蛋。有一天我跑出去拿了一些鸡蛋，准备做我最心爱的早餐。当我把第一个鸡蛋打进平锅的时候，我看到了一个血肉模糊的、尚未成型的小鸡。我顿时感到窒息，然后开始呕吐。这个小鸡在煎锅中的样子让我非常不安，以至于此后的 12 年里我再也没有吃过鸡蛋。在这个事例中，和情景相关联的情绪太过强烈，导致我在 10 多年的时间里只要一想到鸡蛋，就不能控制恶心的情绪。情绪调整了我的看法，并影响了我的记忆，还触发了非常激烈的反应。

因为每个人的记忆、生活阅历和情绪都不尽相同，所以我们不能就一件事假定对方的情绪或感觉与我们相同。

每个人对于现状的反应会有很大的差别。此外，在发出情绪反应的指令前，我们的“处理器”会计算出刺激物的关联度。20 世纪 60 年代，玛格达·阿诺德博士写了一本名为《情绪和个性》（*Emotion and Personality*）的书，书中指出我们的情绪评估过程是无意的和自动的。虽然有一些研究人员不赞成这个观点，但是大部分人都认可情绪的发生是一个评估过程，是一个由我们的内部处理器创建响应的过程。

什么是处理器？简而言之就是我们的大脑。但是大脑的结构很复杂，能够执行非常多的功能。我们真的能准确描述负责处理的区域吗？

7.1　扁桃核简介

2002 年，研究员布莱尔利、肖和大卫在他们的论文“人类扁桃核：体积磁共振成像系统回顾和元分析”中，形容扁桃核是“杏核形状的大规模灰质，存在于大脑的前内侧，或者前向中间，是颞叶皮层的一部分”（参见图 7-1）。

另有研究表明扁桃核拥有致密神经核，用于处理所有形态的输入或感觉。从本质上来说，我们所有的感官输入都会经过大脑的这个区域，然后再投射到不同的脑区。

1992 年，研究员 D. G. 阿马拉尔在他的研究中称：“扁桃核在很多脑区都有投影，包括脑干、下丘脑、海马区、基底神经节以及大脑皮层区域。”这些区域都会参与我们情绪和反应的处理。

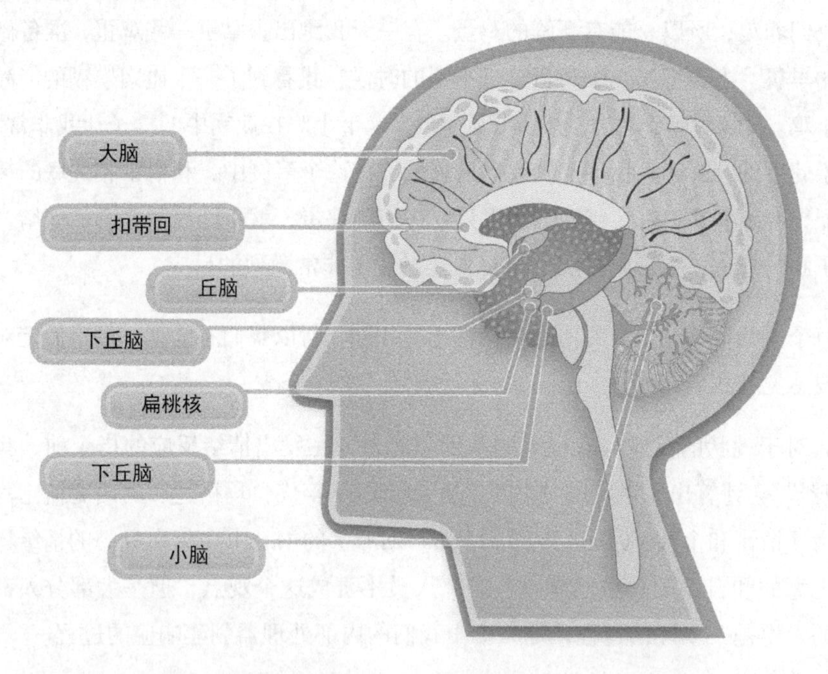

图 7-1　扁桃核是大脑中的一个小的部分，负责处理情绪

扁桃核如何处理信息

日本东京大学的佐藤亘曾发表了一篇非常优秀的论文，名为“扁桃核在情绪信息处理方面的作用”。他将扁桃核的处理作用进行了分类，并分析了该处理过程对我们的感

官输入及输出的影响。

论文中还提到了关于如何在某人对刺激物无意识的情况下探得他的情绪。为了证明这一点，河内山佐藤在 2004 年提出了病人的视野会单方面下意识地接收消极的（气愤）和中性的情绪（没有情绪）。他还发现相比于中性情绪时，当病人处于消极情绪时，其皮肤电反应会较强。

该研究和其他著作表明扁桃核对情绪的处理是无意识的，并且会受到感官输入的影响。H. 欧雅博士在 2002 年进行了一项名为“人类扁桃核的电生理反应”的研究，研究表明扁桃核会在刺激物出现后的 50 至 150 毫秒内被迅速激活。因为有人提出视觉皮层激活大概需要 200 至 300 毫秒，所以扁桃核的快速活性可以证明其对情绪的处理是下意识的。

作为一名社会工程师，我发现研究成果的结合着实引人入胜。我对此的理解是在个体开始思考如何处理线索前，我们的大脑（扁桃核）就会下意识地在刺激物出现后开始处理过程。

上述论断表明优秀的社会工程师需要对目标对象有充分的了解。要知道他喜欢什么，不喜欢什么，习惯是什么，问题是什么，等等。这能帮助社会工程师避免消极的，或者对目标对象来说是冒犯的相貌、表情或者着装风格。对信息的掌握还能帮助社会工程师知道自己该说什么、不该说什么。

如果这一切都是真的，那么一定有方法可以强行控制别人的扁桃核。这样就能创建我们想让他表现的情绪内容，也就是说通过影响目标对象的情绪，让工作变得更轻松。

7.2 强行控制扁桃核

假设你现在正失意地坐在办公桌前，工作堆积如山，一眼望不到头。因为预算削减，团队成员不断辞职。此时电话响了，你当天还有三个会要开。你的配偶发消息说车也需要修理。邮件不停在响。同事告诉你之前发送的报告有错误数据，需要立即更正，而且之后不能再这样草草了事。之后你点击“回复”，以简洁但愤怒的语言向他做了解释。就在你点击“发送”后，顿时觉得周身放松，不过紧接着还有些担心。你找到“已发送文件夹”，看了看刚才写的邮件，忽然觉得是不是要跳出窗户才能让一切顺利点儿。

发生了什么事？这就是研究人员称之为强行控制扁桃核的现象。当情绪处理器（扁桃核）加足马力，逻辑中心处理器（新皮质）近乎关闭和阻断。肾上腺素、荷尔蒙水平以及血压升高，同时我们的记忆开始变得低效。我们开始失去高效交流的能力，决策方式也开始进入“自动驾驶”模式。

一组来自凯斯西储大学的研究人员进行了一些测试来看上述情况是否属实。他们征募了 45 名大学生，并要求他们在一个核磁共振机内待十分钟，先后接受五组实验。研究人员向他们随机展示了 20 个书写问题和 20 个视频问题，这些问题需要他们考虑其他人的感觉。之后受试者收到了需要用物理学来解决的 20 个书写问题和 20 个视频问题。在每次提问后，他们需要在 7 秒钟内做出回答。两组问题之间有一个 27 秒的休息时间，同样，两组实验之间也有 1 到 5 秒不同的延迟时间。

测试的结果很奇妙。当学生们被要求回答和解决能触发同情的问题时，负责分析的脑区失效，但是负责社交的脑区开启。当受试者处理物理和逻辑问题时，脑区中与同情相关联的部分失效，但是分析网络开启。当他们处于休息状态，没有任何问题提问时，两个脑区会同时开启，以便他们能够同时使用负责分析和负责道德/社交的脑区。

这对社会工程师来说意味着什么呢？触发或者强制控制负责情绪、同情或社交的脑区，能够让人们失去逻辑思考的能力。

骗子们就一直深谙此道（即使没有科学指导）。他们之所以会利用自然灾害、奄奄一息的孩子、疾病和其他能够触发情感的手段从受害者那里获得不义之财，原因正在于此。这些方法十分奏效。当一个故事情节能够触发人们的同情反应，人们就会失去理智，交出钱财。

让我们来回想一下第 5 章的一个例子。我的目标是利用存有动过手脚的软件的 USB 钥匙潜入一个机构。当时我穿着套装，拿着被咖啡浸湿的简历走进了那个公司。之后我问前台工作人员是否可以在面试前让我用电子钥匙重新打印简历。当我走向前台时，发生了什么？看门人（前台）需要处理以下外部刺激：

- 这个人是谁？

- ❑ 他想做什么？
- ❑ 我要怎么回应？

这些问题会进入她的处理中心。我得强行控制她的处理中心，并关闭她的逻辑中心。这时，我的故事就派上了用场。因为我表现出了悲伤和关心，所以她的扁桃核对外部刺激，也就是我的故事和面部表情进行了处理。之后她的同情中心被触发，逻辑中心关闭。最终她仅用负责社交的脑区处理了我的请求。

我发现有一些研究彻底改变了社会工程师强行控制扁桃核的能力，具体描述如下。

7.3 人类所见和所为

一群来自美国西北大学和威尔士班戈大学的研究人员（李、辛巴格、布恩和帕勒）合力完成了一篇论文，论文名为“从无意识情感表情和特质焦虑的影响中获得情绪启动的神经和行为证据”。

正如论文摘要中所说的：“通常人们无意识获得的情绪信息会影响人们的情感判断，但是影响这些因素的神经机制及其在感知威胁方面的个体调节差异仍是未知的。我们通过记录大脑在看到快乐或恐惧的面孔 30 毫秒后再看惊讶的面孔时的脑电位来研究阈下情绪启动。”本质上，李和其他研究人员是想看大脑是否能够下意识地识别非语言交流并作出反应，或者允许它们影响大脑的决策能力。

首先，他们根据莱科里和格斯纳德（2001，2005）的研究设定了一个基准态。该研究推断人类拥有一个不断审视环境刺激的自动系统。换言之，这个系统会寻找触发人们理解周围世界的非语言反馈。

这个推断就能解释为什么我们有时会在一些情况下毫无来由地感到不安、紧张，甚至恐惧。我们大脑的“雷达”会感受我们周围的环境，并观察他人以非语言形式表现出来的愤怒、恐惧或其他消极情绪。这会触发我们的感觉，让我们保持警惕。

研究人员之所以要向学生展示惊讶的面孔，是因为惊讶的情绪可能来源于积极的经历，也可能是因为消极的经历。这些研究人员“推断惊讶情绪的歧义表示对于下意识的开心或恐惧面孔（在惊讶的面孔之前展示的面孔）带来的影响比较敏感”。他们研究了 70 个不同的人的 140 种惊讶的面孔，7 种开心的面孔，还有 7 种恐惧的面孔。

李和其他研究人员将学生们安置在一个光线昏暗且隔音的房间里。学生们面对着屏幕，通过内部通话装置进行交流。在展示一个恐惧或者开心的表情 30 毫秒后，每个学生会看到 70 张惊讶的面孔。每个面孔的展现都是随机的，每个学生看到的面孔也都不尽相同。学生们需要给每张惊讶的面孔定级，如“非常积极”“中度积极”“轻微积极”“轻微消极”“中度消极”或“非常消极”。

正如论文第 101 页所述：“在看过恐惧和开心的面孔后，人们在对惊讶面孔的评级方面表现出了显著的差异。”换句话说，研究人员发现，基于持续 30 毫秒的开心或恐惧的面孔展示，人们对于惊讶面孔的评级会更多地趋向于要么积极要么消极。

尽管和艾克曼博士一样，帕勒博士始终强调我们不能过度解读人们为什么会产生某种感觉的原因，但同时他也指出：“解读微表情的能力能够让观察者更善解人意，对于他人的真正意图和动机也更敏感。”

我们在第 1 章中提到过“视觉悬崖”的实验。该实验证明，非语言交流从婴儿时期开始就在对既定情境的反应中扮演着重要的角色。这对于社会工程师来说至关重要。我们会在下面的部分介绍 3 个相关原因。

7.3.1 解读他人的表情

学习解读他人的非语言交流能帮助我们了解他们的真正意图和动机。学习观察微妙的，或者没那么微妙的表现能帮助社会工程师更有效地交流。

在此我还要重申一下注意事项，那就是知道如何解读情绪是非常有力的工具。但是不要过度沉溺于寻找每个微小的线索而忘记仔细聆听。聆听交流对方的话会对建立密切关系和信任起到有力的作用。

在使用这些技能的时候要注意平衡。

7.3.2 我们自己的情绪内容

面部表情和非语言交流能够改变人们的决策能力。

当我们感到压力或者紧张的时候会发生什么？我们的肌肉会紧绷，开始出汗，并感到茫然。我们的脸上和身体上表现出的紧张也会给目标对象带来不安和紧张的感觉。除非我们的托词就是要表现恐惧或压力，否则的话就会让目标对象感到困惑。

就像那个等待非语言许可去穿越“视觉悬崖”的婴儿一样，与我们交流的对方也在寻找是否能够信任我们的线索。因此，对于表现不安和紧张情绪的练习和控制是很重要的。这样我们才能表现出正确的情绪内容。

如果你要表现紧张或恐惧，那么道理也一样。就像我之前讲过的那次经历，我在面试前向前台解释我是怎样把咖啡洒在了简历上。如果我在讲述这个悲伤的故事时表现得很镇定、从容和自信，那么我可能不会成功。因为我的非语言交流行为与我的语言交流行为不一致。

7.3.3 非语言社会认同

除了要观察目标对象的非语言行为外，还要了解周围环境的氛围。大家的感觉如何？观察一下这里充满了忧郁还是欢声笑语。对我们身处的环境氛围的了解会帮助我们为自己设定匹配的情绪内容。

一次，我的航班晚点得太久了，以至于我错过了两次可以转机的机会。当飞机进入机场航道的时候，机长通过对讲机告诉我们：闪电击中了机场，导致某些地方无法供电。

闪电不仅击中了总电源，还击中了备用电源。当我走进航站楼的时候，唯一的光源是机场保安的手电筒。人群陷入一片混乱。乘客朝机场工作人员大吼大叫，对错过航班和延误表示愤怒。我向自己认为应该过去的门走去，看到了一长队愤怒的人。

刚才发生的事就是社会认同的典型例子。换句话说，人们的情绪能够带动我们做出我们平时做不出的行为，或者采取我们平时不会采取的行动。当时每个人都像疯了一样，形势很紧张，这种情绪在整个人群中蔓延开来。诚然，我们通常不会在这样紧张的局势下找什么托辞。也就是说有时情绪内容不仅会影响一两个人的情绪，还能影响一群人的情绪。

即便你看到公司秘书对你笑得很真诚，也还要注意整个环境的紧张局面。这样能帮助你调和相匹配的情绪或者更恰当地表达自己的情绪。

作为社会工程师，当你能够牢记这些要点时，就能影响他人的决策能力。社会工程师的目标是创建一个容易触发共情的环境。正如我们所知，共情能够关闭大脑的逻辑中心。当逻辑中心没有火力全开时，正是我们提出要求的时候。在此可以引用纽约传奇脱口秀节目主持人乔·富兰克林的一句话来结束本节的内容："真诚是成功的钥匙，如果我们能假装真诚，我们就成功了！"

7.4 像社会工程师一样强行控制扁桃核

在读到本书最后的部分时，你或许会好奇我们所讲的对社会工程有着怎样的意义。无论初衷是好是坏，都请记住社会工程师的目标是让他人做出行动。了解大脑如何决策会极大地帮助社会工程师促使他人按其所想做出决定。

从个人角度来讲，我喜欢简化复杂的科学发现，以便更好地理解它们。强行控制扁桃核的基本方程式就是：（感官输入 > 共情）+逻辑中心关闭=强行控制扁桃核+提出要求。

也就是说如果在激发对方的共情反应后提出要求，那么这个要求会更容易得到许可。我们该如何做到这一点呢？

我们的大脑能够本能地反映出我们从周围环境观察到的情绪内容。因此，如果社会工程师能够表现轻度悲伤的情绪，那么这种表现就会触发对方的共情心理。这种说法是合乎逻辑的。一旦共情心理被触发，并且社会工程师所说的话和讲述的故事能够联系在一起，那么大脑中的理性和逻辑中心就会立刻关闭。这就把处理大权全部交给了大脑的情感中心。所以当决策是基于这个请求而作出的时候，理性就被抛到脑后了。

我曾为一家公司做过电话信息采集。我的目标是打电话给某个公司，然后让他们提供给我本不该提供的信息。

在打其中一个电话时，我决定扮演该公司一个叫作吉姆的员工。我用"吉姆"的名字打了几个电话，并成功获取了关于该公司安全计划的一些信息和事实。

我想继续我的游戏，所以我决定以吉姆的身份给技术公司打电话，看他们是否能够通过电话给我"我的"虚拟专网的证书。这通电话是这样开始的：

"您好，我是技术中心的苏·史密斯。有什么可以帮您？"

“您好，苏。我这边遇到了一个问题。我在电脑上在线杀毒的时候把我的虚拟专网证书删除了。我自己不能恢复。可是我有一个报告马上就要提交，您能帮帮我吗？”

“当然可以，您叫什么名字？”

“詹姆斯，不过您可以叫我吉姆。”

“吉姆，您的用户名是什么？”

“我能告诉您我的全名吗？因为我总是忘记数字。”

“当然可以。”

“詹姆斯·巴洛。”

“吉姆？吉姆·巴洛？等等，难道你没有听出我的声音吗？我是苏西啊。”

我们的对话就这个点停留了 30 秒。在那时我面临的情况是苏西认识吉姆，而我却表现出不认识她。因为我在通话，所以此时面部表情不起作用。我该如何是好？

首先，我用叹息表示了自己的沮丧。这个叹息持续时间较长，而且能明显听出其中的不安。紧接着我说道：“啊，苏西，我真的很抱歉。我真是个笨蛋（自嘲）。今天真是糟透了。我感冒了，所以我的声音听起来都不一样了（培养同理心）。然后还把我的证书删掉了。负责安保的同事还对我大吼大叫（争取更多的同情），因为我在没有得到许可的情况下使用了在线杀毒。要命的是我的车早上还爆胎了……”（再争取更多的同情。）接着我又长长地叹了一口气。

“哦，吉姆，真替你难过。确实是糟糕的一天。我能为你做点什么？”

“我得把报告交给老板。你也知道他是什么样的人。我现在不能登录虚拟专网。你能把证书给我恢复一下吗？”（提出要求。）

几分钟后我就拿到了证书。我是怎么做到的呢？

之前提到的等式再次说明如果我能在建立共情的基础上提出要求，那么我就能关闭对方大脑的逻辑中心，并使其仅仅根据自己对事情的感觉而采取行动。

在整个过程中，我都在假扮吉姆。但是事实上我并不是这个人，所以在提出要求前，我需要用有限的非语言行为（叹息）和言语（悲惨遭遇）建立共情。即使我需要向苏西解释我本该听出她的声音，但是当我知道苏西同情我的时候，我就提出了自己的要求。该要求也得到了响应。

这种方式非常有效。如果使用得当，几乎就没有人能与之抗衡。关键是在提出要求前要清楚如何适度建立共情。而这是需要练习的。

7.5 总结

社会工程师不需要成为研究人员、神经学家或者心理学家，但是优秀的社会工程师至少会知道做什么会让人们听从自己的安排。

概述一下强行控制扁桃核的简单等式：辅助非语言行为+情感共鸣内容+提出适当要求=强行控制扁桃核。

简言之，社会工程师需要建立情绪内容，尤其是共情或悲伤。实现这个目标的最佳方式就是使用适度的，能够表现悲伤和共情的非语言行为来支撑社会工程师的说辞。一旦对方的扁桃核被触发，其逻辑中心就会关闭，此时就是向对方提出要求的时机。任凭对方的逻辑反应能力再强，只要要求合理，就会得到满足。

艾克曼博士以及本章提到的研究人员都倾尽毕生心力去尝试了解情绪对人们的影响。阅读和运用他们的研究成果能够极大地帮助我们提升控制他人情绪的能力。

另一方面，如果安全专家与客户一起工作时能对这些研究成果有所了解，他们就能通过对环境的观察轻易找到控制对方情绪的时机。之后就可以协助制定风险规避计划或培训来提升对此类攻击的警惕性。

了解这一切是如何运作的能让社会工程专家发现安全隐患，并确定培训和修补程序对其进行修复。

下一章会介绍这些规则和拓展内容在诱导中的使用情况。我在第一本书中也介绍过诱导。本书不会介绍诱导的全部细节内容，我们主要关注的是那些使用了非语言交流原理的情况。

第 8 章
关于诱导的非语言方面

“感觉就像波浪：我们不能阻止波浪的到来，但可以选择在哪里冲浪。”

——乔纳森·马丁森（Jonathan Martensson）

我将诱导定义为一门可以在不直接问询的情况下获取信息的艺术。这并不是说你不需要提问，也不意味着无需询问相关信息。关键就在于如何就一个问题进行提问。也就是说你需要采用技术手段从他人那里获取信息。关于这些技术，我通常会引用罗宾·迪克尔 *It's Not All About* “*Me*”一书中的内容。迪克尔在这本书中列出了快速与他人建立密切关系的 10 项原则。这些原则也是诱导的关键。

- 人为时间限制：使用简单的措辞，比如“我能问你一个小问题吗”或者“我五分钟后就得走了，能问你一个小问题吗”，让对方觉得与你的对话很友好。
- 匹配的非语言行为：如果你说自己很担心或者伤心，但是你的非语言行为却表现出恐惧或者愤怒，那么对方就会觉得你言行不一。他们或许不知道是为什么，之后你们的谈话会出现危险信号，最后对方会感到不安。非语言行为与我们讲述的内容要一致，这是非常重要的。
- 放慢语速：语速越快就越容易出错，我们听起来也就越不自信。这样就容易让对方觉得我们内心很阴暗。

- 同情/帮助：正如之前所提到的，同情和悲伤是人与人之间的强大纽带。编造一个故事，让对方帮助你摆脱困境，能在你和对方之间迅速建立联系。
- 自我抑制：这是最难做到的一项，同时也是最重要的一项。延迟你的自我意识，然后让他人的观点、想法和需求优先于你自己的观点、想法和需求。这样人们就会喜欢你，愿意和你做朋友。延迟你的自我意识能够提升他人的自我意识。
- 包容：巧妙而适度的恭维会让对方释放多巴胺。多巴胺是我们大脑中的一种化学物质，主要负责奖赏推动行为。这种奖赏会在你和对方之间建立牢固的联系。
- 询问"怎么样""什么时候""为什么"：这类问题是开放性的，让你从一个角度去思考他人的感受如何。如果认真聆听答案，你就会有很多收获。
- 让步条件：Quid pro quo，在拉丁语中，它意指"拿这个换那个"。如果人们一直说话却得不到回应，就会感到不安。让你的交流对象觉得舒适的方法就是不时地分享你生活中的一些宝贵信息。但要注意：不要因为一鳞半爪而随即掌控对话。
- 互惠互利：当你送给别人礼物时，他们就会有回报的需求（心理学）。即便只是简单地为别人开门也会为你带来回报。
- 调整预期值：多次实践后，你会发现上述原则会非常奏效。你会非常兴奋，并试图获得更多的信息。但这样可能会增加对方的防范意识。所以管理好你的预期以及每次运用原则的数量。

在建立密切关系后，人们会很自然地向我们提供信息。并且通常情况下他们是心甘情愿的。

虽然我不能将所有这些原则一一介绍，但是很有必要给出定义。迪克尔在他的著作中已经出色地完成了这项工作，我远远不及他。你会在图 8-1 中看到这些原则。

每条原则都涉及重要的非语言交流方面。然而每一步都能从"匹配的非语言行为"这条原则中获益。

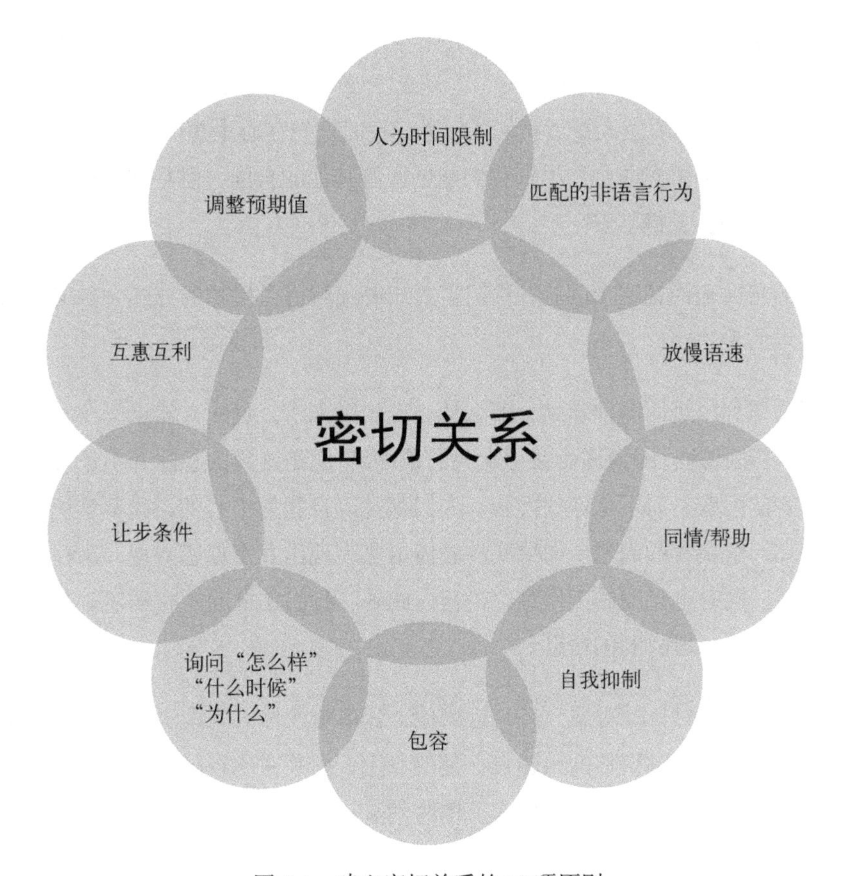

图 8-1　建立密切关系的 10 项原则

当有人亲自或在线接近你的时候，你的脑中会出现一系列的问题：

- 他是谁？
- 他想要什么？
- 他是否能构成威胁？
- 他在我的生活中会出现多久？

上述每个原则都按照一定的方式以非语言形式体现出来，既不会画蛇添足，也不会有所减损。接下来就对其中一些原则进行探讨，并了解非语言交流是如何对这些原则产生影响的。

8.1　人为时间限制

如前文所述，当一个陌生人接近我们的时候，我们首先在心里想的一个问题就是："他会在我的生活中停留多久？"尽管我们能够回答其他的自问，但是如果这个问题得不到回答，我们仍会觉得不安。

从非语言的角度来回答这个问题，我们需要知道我们待人接物的方式会如何影响对方对我们要求的看法。

如果我因为遇到困难而向你求助，那么从心理角度来讲，我的兴趣点何在？你的第一反应会是："在我这，因为你是在寻求我的帮助。"但是这样的想法并不正确。因为我关注的是我的问题，而不是你的问题。人们都是以自我为中心的。我不认识你，我所关注的是如何解决我的问题。如果我的肢体语言表现出我对你感兴趣，这种压力会让你感到不适，同时也让我的工作难以进行。此外，我们在求助的时候还要考虑是寻求一时的还是较长一段时间的帮助。

因此，无论你是面对目标对象，还是远离他，我都建议你人为设定一个时间限制。这样就不会让交谈对象觉得你的兴趣点在他的身上，而是在你自己的问题上。这样就会让对方安心，不会觉得你会占用他太多的时间。

比如，一次我在书店因为要寻求建议而尝试接近一位顾客。那位顾客正和他年幼的儿子在一起。他们走到了书架前，我面对书架站在他们旁边。我只把头转向那位男士，然后说道："很抱歉打扰您，但是您能给我 5 秒钟时间吗？我想给我的侄子买本书。我觉得他和您的儿子同龄。我不会选书，像这个年龄段的孩子都喜欢读什么样的书呢？"于是，我的"5 秒钟求助"最后演变为一场长达 25 分钟的对话。在对话过程中，我知道了他的全名、生日、工作经历以及很多其他的相关细节。我之所以能够迅速与他建立密切关系并进行诱导，是因为我的非语言行为和人为限定时间让他放松下来。

8.2　同情/帮助

我常说在社会工程师的语言中最有力的几个字就是"您能帮帮我吗"。这种要求会触发对方自动的心理反应。他会在心里判断这个求助是否安全、方便以及应该做些什么。

正如我们在第 7 章所说的，如果社会工程师能够触发目标对象的同情心，那么目标对象的逻辑处理中心就会关闭，由此便营造出一个更容易响应请求的氛围。

我可以用一个甚至不涉及社会工程的事例来很好地诠释非语言交流中同情和帮助的主题原则。当时我从当地的一家杂货店往外走，前面不远处，一位老太太正一边推着购物车，一边从钱包里面取车钥匙，突然有什么东西掉了出来。我走近一看，发现那是一小沓钱。

我把钱捡起来，然后开始追那位老太太。当我走近时，她正在将购买的杂货往后备箱里装。她身高大概有一米五左右。我近两米的大个子在她旁边显得异常高大。我拍了拍她的肩膀，说："打扰了，这是你掉在地上的钱。"

她先是感到惊讶，之后就变成了恐惧。或许她只听见"打扰了"和"钱"，所以她开始尖叫："我被抢劫了！"

此时我的脑海中立刻浮现出两个形象，一个男人很高大，穿着黑色皮夹克和牛仔裤，带着锁链钱包，站在一个娇小、年长的女士的面前。

我错在哪里呢？我接近她的方式。我没有选择从侧面接近她，或者是放慢走路的速度，我仅仅想着"我是在帮她"，而且我使用了不恰当的非语言行为来提供帮助。

当社会工程师寻求帮助的时候，我们需要谨慎地规划肢体语言和面部表情的使用。如果我们想表达适度的悲伤，就不能挺着胸，摆出强势的站姿，并表现出恐惧、愤怒或者开心。同时，在提出要求的时候，我们不应表现得很沮丧或伤心，因为这样也会使得别人很紧张。

现在让我们来回忆一下我在书店的交际行为。如果我泪流满面地接近我的目标对象，那位男士就可能会立刻带着孩子走开。

我们需要调整非语言行为，使其与提出要求的情绪相匹配。对于使用同情/帮助的原则来推进诱导来说，这是很重要的一环。

有时我们即使不说话，也能获得帮助。在一次工作中，我走进了一幢办公楼的大厅，站在角落里为下一步的接近做准备。我的叹息声一定很大，因为当一个门卫经过时，她停下来问道："你还好吗？"

快速思索了一下后，我回答："不太好，谢谢关心。"我肩膀下沉，慢慢转身离去。

她问道："怎么了？需要帮助吗？"

"嗯，除非您能在 5 分钟内带我去见人事经理。不过这是不可能的。"我又叹了口气，告诉她我本该去人事办公室和某人会面的，但我忘了她的名字。

"您要见的人大概是贝斯·史密斯。我可以带您去。跟我来吧。"

"贝斯！对！就是这个名字。太感谢了！"

"现在别紧张了，一切都会好起来的。"当她带我刷卡进入锁着的门时，她这样说道。

我用了一点点紧张的表现，两次叹气，还有一些匹配的肢体语言，就进入了门内，还能在大厅里自由漫步。

8.3　自我抑制

可以说，自我抑制是建立密切关系的原则中最重要的一项。因为它往往可以促成诱导。自我抑制是社会工程师能够使用的最有力的原则之一。

人们都喜欢与谦逊的人共处，因为这样的人能够承认自己的错误，同时也能成全他人。要做到这一切需要你延迟自己的自我意识。非语言交流对实现自我抑制能够有很大的帮助。

请再翻到之前的章节，看看图 5-1，但是不要读文字说明。图片会让你想到什么？绝对不是谦虚！接下来，请再看图 5-20。你看到谦虚了吗？图片上的人是你想要接近的人吗？很可能不是。那么图 4-10 呢？答案也是否定的。所有这些肢体语言和面部表情都不是谦虚的例子。当我们感到自信、紧张、沮丧或者被拒绝的时候，我们的非语言行为就不会表现出谦虚。

回想一下你认为很谦逊的那个人的样子，他是在与你交流时让你觉得自己很重要、感觉很好的那个人。

我有一个好朋友叫布拉德·史密斯。很不幸的是他在不久前过世了，但是所有认识他的人都说他是自我抑制的模范。下面有关自我抑制的力量的事件中就有布拉德的身影。

一次我参加了一个社会工程的竞赛。其中一名保安告诉我，原计划用于比赛的房间要在当晚举办一个派对。听到这个消息后，我很沮丧。因为我带了器材、横幅，还有电子产品。况且这个房间本来就应该是我的。我非常难过，即便是此刻，我也能感觉到我的血压在上升。

我的一些队友说了一些像是“好吧，我们会搞定的”或是“喔，真没劲”这种的话，但是没有人帮助我镇定下来，或者说能让我理智地思考一下。尽管这并不是他们的职责，但我还是觉得自己更难过了。当我几乎完全进入扁桃核被全面控制的状态时，布拉德走了进来。他看到了我脸上的怒气。

他走近我，轻轻碰了下我的手臂，以一个很低的身体姿势（放低肩膀，但没有弯下身子）温柔地对我说：“嗨，我能单独和你聊会儿吗？”

我没好气地说：“布拉德，我心情不太好。”我一下子觉得一切都特别糟糕。

他回答说：“我知道。我能看出来是因为什么。不过你能花点时间跟我这个不太清楚是怎么回事的老头儿聊聊吗？”

轻轻的触碰，温柔的声音，还有不俯就的语气，是真正意义上的自我抑制支撑了这一切。我和布拉德坐了下来，在之后的 20 分钟里他使我镇定下来，让我的逻辑中心恢复工作。这样我就能解决眼前的问题并继续进行。

在同一天，一名参加会议的年轻的自闭症患者崩溃了。人们都很恼怒。布拉德走近那位年轻人，同样是轻轻触碰和温柔的声音，他说道：“我不了解你的情况，我们能聊一会儿吗？”之后他和布拉德一起坐了一个多小时，他平静地向布拉德讲述了他的生活。布拉德让他认识到如何更好地处理压力。

当我们能像布拉德那样延迟自我意识的时候，向他人提要求就会变得更容易。这些要求也更容易得到响应。在过去的一两年里，我分析了布拉德以及我们之间的交往经历，我想看看社会工程师该如何利用这种自我抑制的力量。

布拉德做到了以下几个关键点，这些都是自我抑制的非语言表现部分：

- 压低声音；
- 轻柔的、无性别区分的触碰；
- 温和的目光；
- 较低的身体姿势。

这些行为往往伴随着求助。但是你怎会拒绝帮助这样的人呢？当你同意这样的请求后，温暖的微笑和倾斜的头部会让对方知道你很信任他。作为回报，你对他的信任也表示感激。

自我抑制是一种强大的力量。它仿佛有着神奇的魔力，可以打破人与人之间的壁垒，让人们进行交流。

8.4　询问“怎么样”“什么时候”以及“为什么”

从非语言行为的角度来说，通过建立密切关系完成需求收集的最后一条原则就是询问“怎么样”“什么时候”以及“为什么”的问题。简单地说，询问这些问题要比询问“在哪里”“是什么”以及“是或否”的问题更有意义。

假设你要问某人以下两个问题：“你要去哪里度假？”“为什么要选佛罗里达州的那个地方去度假呢？”你认为哪个问题能让对方打开话匣子呢？当你问第二个问题时，对方会结合她的情绪、喜恶来做出回答。这样社会工程师就能大致了解对方的想法。“怎么样”“什么时候”以及“为什么”的问题会比其他类型的问题更能调动对方的大脑活动。

非言语语言对于这些类型的问题来说是很实用的。因为我们在提问时的限制总会让人们觉得不舒服或不被信任。

请回看图 4-3 和图 4-11。本在哪张图片上的肢体语言能让对方觉得舒适呢？

在图 4-3 中，本的拇指表现、面部表情和挺胸动作都会让对方觉得本只对她的问题感兴趣，而不是回答。

在图 4-11 中，本做了一个开放腹部的动作，还有不错的面部表情。这都说明他确实很好奇。腹部动作和表情表明本信任对方，对方因此也能信任他。

这也是我们需要重点讨论的。因为我们在提问的时候会很自然地做这些事情。虽然有时在工作中，我们会把焦点集中在要处理的目标或任务上。当我们关注自己的目标，而不是人的时候，我们的表现就会变得不自然。恐惧、不安、担忧、愤怒或其他的情绪和感觉开始出现。当这些情绪出现时，我们的非言语语言就会从“相信我”变成“显示警告”。

诱导和建立密切关系的这些方面是至关重要的，但是还有许多其他的技能也非常有帮助。在本书中，我引用了艾克曼博士的研究成果，将这些技能概括为“对话信号”。下一节将对它们进行详细介绍。

8.5 对话信号

正如我们在第 6 章讨论舒适和不适的情况时说到的，有时要先观察微小的线索，然后再深入了解你所发现的。

和发现一个持续 1/25 秒的微表情相比，未经培训的新手更容易发现不适的迹象。按照上述原则，艾克曼博士在 1979 年出版的《人类行为学》一书中撰写了一个章节，在这本书的第 3 章他讨论了眼眉用作对话信号的有关内容。

在更深入地了解对话信号前，我们先回顾一下在前言中提到的面部动作编码系统（FACS）以及与对话信号相关的三种动作单元（AU）。

8.5.1 动作单元 1：扬起眼眉内侧

在头顶和眼眉之间有一大块垂直的肌肉，几乎覆盖了整个额头。这块肌肉能够扬起眉毛。如果要使用这块肌肉，需要将眉毛的内侧提起。这样就使得眉毛形成一个斜三角形，并且额头中心的皮肤会出现褶皱（只在中心部位，不是整个额头）。艾克曼博士在图 8-2 中展示了该行为。

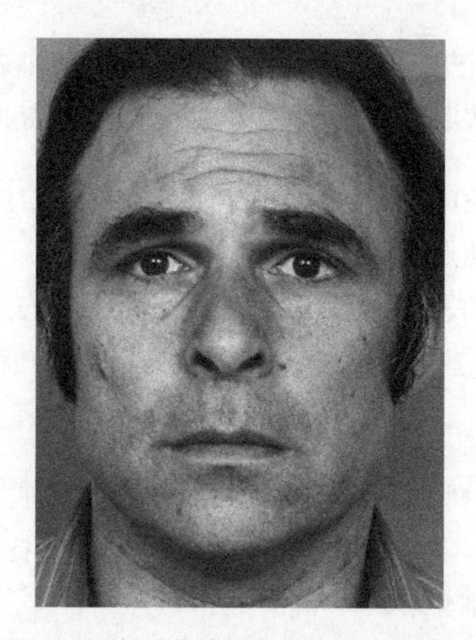

图 8-2 面部动作编码系统中的动作单元 1

8.5.2 动作单元 2：扬起眉毛外侧

协助创建动作单元 1 的肌肉侧部创建了动作单元 2。这个动作会将眉毛和邻近的皮肤提起。要创建动作单元 2，需要提起眉毛的外侧。这样做会让眉毛呈现拱形，并使眼褶部分伸展开来。有时眉毛的侧端会出现短小的皱纹。图 8-3 展示了动作单元 2。

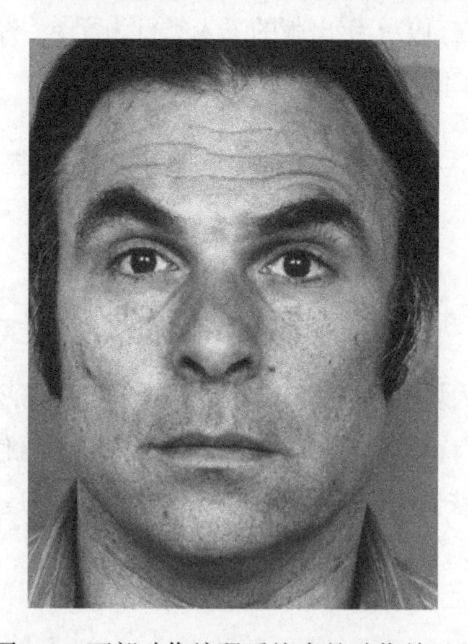

图 8-3 面部动作编码系统中的动作单元 2

8.5.3 动作单元 4：拉低眉毛

三条经过额头的肌肉帮助控制该动作单元。通常情况下，这三条肌肉会共同“行动”。不过其中的两条会比另一条更多地参与“行动”。如果要创建动作单元 4，需要把眉毛拉低。无论是眉毛的内侧、中间或者整条眉毛都要拉低。以这种方式收缩肌肉会将眼褶向下推，缩小眼孔并拉近眼眉的距离。当拉低眉毛的时候，不要皱鼻子。图 8-4 呈现的就是这个动作。

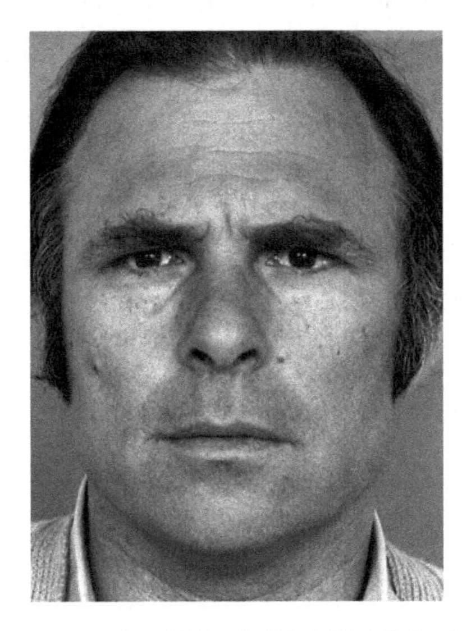

图 8-4 面部动作解码系统中的动作单元 4

这些细节很技术化，但是都至关重要。它们是理解下一章内容的基础。当我谈论对话信号的时候，我会单独或组合使用 AU1、AU2 和 AU4。

8.6 情绪的对话信号

就像面部表情能表现情绪一样，我们也可以在对话过程中观察能表现对方感受的信号。论文《人类行为学》中以动作单元的形式对我在第 5 章谈论的内容进行了概述。

比如，在惊讶的表情中我们会观察到 AU1 和 AU2。眉毛的内侧和外侧都会扬起，并呈拱形。与此同时，上眼睑会提起，下巴会下拉。在恐惧的表情中我们会观察到 AU1，AU2 混合着 AU4。上眼睑会提起，下眼睑会绷紧，而嘴唇会张开。在愤怒的表情中我们会观察到 AU4。眼眉会向下聚拢，而下眼睑和嘴唇会绷紧。在悲伤的表情中我们会观察到 AU1 和 AU4。眼眉会变成倒置的 V 形。与此同时，上眼睑会放松，脸颊会稍稍上提，而下颌会压低。

在厌恶和开心的表情中都能看到 AU4。做这两个表情的时候，眉毛会压低。不过在开心的时候眉毛压低的程度会更轻一些。

这些都与本书第 5 章的内容紧密相联。在没有其他面部表情参与的情况下，眼眉通常可以独立行动。那么这时，眼眉表现出的动作单元是什么呢？

对于那些与其他情绪面部动作没有关联的眼眉运动来说，艾克曼博士将其假定为对话信号。

接下来我会介绍一些艾克曼博士发现的并且广泛使用的对话信号。此外，还会说明社会工程师对对话信号的识别有着怎样的意义。

8.7　分解对话信号

当我们在解读对话信号的时候要牢记一些关键点。艾克曼博士在研究中注意到了面部表情和对话信号的一些区别。总体来说，对话信号与微表情的不同之处在于对话信号会随文化而改变。

此外，与微表情不同，对话信号是可控的。大多数听者都不会意识到自己释放的对话信号。然而，我们可以有意识地选择向对方释放一些对话信号。这样就可以与其建立密切关系，或者表示我们在认真聆听、赞成、反对或者其他信息。

当我在介绍这些的时候，请你仅用眼眉做这些组合动作，然后体会其中的感觉。也可以在脑海中想象下一个动作会是什么。

8.7.1　命令信号

与我们在第 3 章提到的手部命令动作相似，这些命令动作用于强调，往往伴随着一个重音。最常见的命令动作是 AU1 和 AU2 的组合动作。做这个组合动作的时候，尽可能扬起眉毛以表现惊讶、疑问或怀疑。作为听者，眼眉的轻微扬起能够表现出“开心的”惊讶——如“让我印象很深刻”。这样能够促成密切关系的建立，并鼓励听者表达更多。

另外一个和命令动作相关的是 AU4 的使用。这个动作单元用以表现认知负荷、困惑或者混乱。了解到 AU4 可以完成眼眉命令动作并能表现困惑之后，社会工程师要注意在表现自信的时候避免使用该动作。如果我们在接近目标对象的时候表现得很困惑，那么自信就不复存在了。

另一方面，AU1 和 AU4 能够通过将眼眉变为倒置的 V 形（请回看图 5-11）来表现悲伤的情绪。当对方表现出不愿服从的迹象时，社会工程师可以做这个动作来进行挽回。仅使用 AU4 能够表现出兴趣或专注。

8.7.2 强调信号

当你在杂志或图书中看到重要短语时，往往会在其下加上下划线表示强调吧？这里所说的强调与划线的意义相同。下划线的使用可以涵盖很多字，甚至是整个句子。这和对话信号有异曲同工之处。我们可以使用 AU1 和 AU2 的组合动作，或者单独使用 AU4，但是要注意它们的区别。当人们在使用强调信号的时候往往会提高声音或者在说个别词的时候拖长声音。此时你会看到什么样的眼眉动作或者对话信号呢？当说话的时候，尤其是当声音越来越高，越来越大时，我们会看到扬起的眉毛（AU1 和 AU2）。

8.7.3 标点符号

在对话过程中，你可能想通过加上感叹号甚至问号来强调特定的字句。这时我们的额头就会产生对话信号。

该对话信号可以由 AU1 和 AU2 共同完成，或者由 AU4 单独完成，但是它们的用途是不同的。AU1 和 AU2 用于表现感叹。AU4 用于强调言语的严肃性或重要性，抑或是所述事情的困难之处。这些信号会为特定的话语加上“标点”。

8.7.4 疑问

在对话过程中，你可能想强调一个问题，或者让你的谈话对象知道你对他所说的内容有些疑问，甚至感到困惑。

正如你能想到的那样，AU1 和 AU2 可以在这时发挥作用。这些扬起眉毛的动作可用于人们提问或者是对答案不确信的时候。如果有人在对话过程中感到困惑，那么她就会使用 AU4 来拉低她的眉毛以表现认知负荷。

8.7.5　词汇搜索

当我们想不起来要说的词时，会出现什么样的对话信号呢？

答案是 AU4。眼眉会向中间聚拢，以表现认知负荷（思考）。有时我们甚至会通过弹响指的方式去想那个要说的词。当我们最终想出那个词之后，眉毛也会放松下来。

当人们抬起眼睛，思考某个想表达的词时，会使用 AU1 和 AU2 结合的动作，在这个过程中，他的眉毛也会扬起。

8.8　非语言对话信号

你可能会想："所有的对话信号都会用到 AU1 和 AU2，或者 AU4。那对话信号又有什么特别之处呢？"问得好！当我们在对话过程中发现这些信号时，应该会很容易地判断出它们的含义，对不对？

假设你正在听别人讲述一件事情。在某个时刻他使用了 AU4，拉低、聚拢了眉毛，还伸出了手指，降低了说话的音量。此时发生了什么？这说明他要讲到这个事情中严肃、不祥或者消极的部分了。

再加上言语，上述判断就更明确了。不过，艾克曼博士通过研究，还为社会工程师发现了另外一种相反的情形——无需语言的对话信号。

这是一个很重要的话题，因为如果能在对方不说话的情况了解所要传递的信息会提升我们的交流能力，并对对方产生影响。需要谨记的是，以下对话信号的使用无需语言。

- 怀疑。如果人们在使用 AU1 和 AU2 情况下，下拉嘴角，抬高下唇，放松上眼睑，头也左摇右摆，那么这就是怀疑的表现。
- 模拟惊讶。在抬高上眼睑、张开嘴巴的情况下再结合 AU1 和 AU2。这样通常是惊讶的表现。
- 肯定和否定。这一点的有趣之处在于其具体含义是由文化背景决定的。在西方，我们会将使用了 AU1 和 AU2 的快速俯仰头部的动作视为肯定。但是在希腊和土耳其，这是否定的意思。

- 复杂的疑虑。在表示复杂的疑虑时，AU2 只作用于脸的一侧。扬起的眉毛表现当事人的疑虑。艾克曼博士发现这个动作是不会无故出现的。人们会通过这个动作有意地表现疑虑。因此，如果你观察到这个表现，要知道这是刻意为之，不是真诚的。艾克曼博士以 20 世纪 30 年代到 40 年代的电影为例说明了这一点。我把这个信号同《星际迷航》中的斯波克先生联系在了一起。PK 指出约翰·贝鲁西经常扬起一边的眉毛去刻意表现怀疑。这并不是说做这个动作的人在骗人，而是说这不是一个自然产生的信号。
- 点头。PK 和艾克曼博士同时也指出点头是一个简单却有效的对话信号。当你在说话的时候，是否注意到对方有多少次肯定的点头（垂直方向上的）？大多数的时间里，听者不会注意这个信号。说话者会注意到听者在聆听时有意识地点头，作为回报，说话者会报以认可，表现得更放松、更健谈。这是一项既能建立密切关系又能实现诱导的重要技能。
- 最后一项——摇头。PK 曾和我说过他第一次去巴基斯坦的经历。当时他发现点头对于他来说出现了未知的变异。听者开始频频侧向点头，不是表示否定的左右摇头，而是将耳朵稍稍移向肩膀的方向。经询问后，他得知这是一个在南亚常用的对话信号，用晃动头部的方式表示对方已经理解你所传递的消息。他在印度的时候也看到过相同的区域信号。

8.9 像社会工程师一样使用对话信号

艾克曼博士在 *Human Ethology*（《人类行为学》）一书第 202 页中关于对话信号和情绪表现关系的概括能够很好地总结本节的内容：

> "情绪表现的学习同样需要了解对话信号。对话信号是很常见的，所以如果我们不能识别对话信号，就会在研究情绪表现时感到困惑。如果想从直接主导对话过程的行为中摆脱出来，学习对话的学生就应当对情绪表现有所了解。"

对他的这番话，我表示非常赞同。对这些信号的了解对于社会工程师来说是极其重要的。这些微小的线索能够帮助我们看出对方是否抓住了要点，表示怀疑或者感到厌倦。观察到这些信号之后，就可以因此调整接近方式，改进你的风格，从而更有效地进行沟通。

需要注意的是，我们要练习的动作单元只有三种：AU1、AU2 和 AU4。我们可以记住对话信号的口诀：眉毛上，眉毛下，点头是鼓励。通过练习这些动作单元，去体会它们所表达的感觉，以及你自己的感受。在对话的过程中，从他人身上寻找并识别这些信号会帮助我们解读对方的情绪。

8.10　总结

诱导是社会工程师工作的关键所在。作为一名社会工程师，我谈了很多关于如何利用诱导策略的问题，但是本章介绍了一个有关诱导的新方法——非言语接近法。

本章的内容涵盖了艾克曼博士以及大思想家罗宾·迪克尔和罗伯特·西奥迪尼博士的研究成果。我将这些信息与我多年的经验和实践结合在了一起。我们的成果形成了一套能适用于任何诱导的“良方”。无论你是否是社会工程师，这种方法都能助你一臂之力。

我们在一天中会和很多人交谈，却很少思考对话中涉及的所有方面，比如我们的眉毛是什么样子的，姿势是怎样的，以及脸和手都做了些什么。但我们还是能顺利地进行对话，传播并接收信息。那么接下来我们会如何使用这些信息呢？

这是社会工程师的另一个法宝。如果我们能识别更多的信号，就能更轻易地摆脱消极的特征，同时使那些能让对话顺利进行的因素得到加强。反观当今世界，我们将更多的时间用在发送短信和邮件以及在社交媒体发帖子上面，导致对话质量下降。

2011 年，亚伦·史密斯进行了一项名为“美国人和手机短信”的调查。调查结果显示，31%的美国人都更愿意接收短信，而不是进行面对面交谈。而现在，随着 Facebook、Twitter、Snapchat、Instagram 以及其他社交媒体的盛行，这个比例会更高。现在这个时代对于社会工程师而言，对话和诱导的技巧比以往任何时候都显得更为重要，而这也正是本章内容的重要意义所在。

本书涵盖了那么多关于非语言行为在日常交流中重要作用的研究成果和信息。我们该如何整合这些成果和信息？又该如何应用？这正是本书最后一章要讨论的内容。

第四部分

信息整合

第 9 章
非语言交流及社会工程师人类

“我的外表下是谁并不重要，重要的是我的所作所为才决定了我是谁。”

——布鲁斯·韦恩（蝙蝠侠）

当我打算写这本书的时候，想出了一个我认为适合的目录。之后我把它作为本书的核心概念交给出版商。但是最终写出来的内容与我之前所计划的大相径庭。之所以会这样，是因为在本书的写作过程中，出现了新的研究成果，现有的研究成果也发生了变化，而且我自己的经历和理解也发生了变化。

之所以在这里要说这些，是因为这是本书可以带给社会工程师的第一堂宝贵课程。万物都在迅速更替，所以我们要有能力适应变化。适者才能生存。如果人类没有适应能力，我们就会灭绝。

当我分析社会工程恶意的一面时，经常能发现适应能力的运用。“坏人”能够与时俱进地掌握新技能，利用新的科技。然而我在作为社会工程顾问与公司合作的时候，却经常发现他们对于改变或者适应感到反感。我会听到这样的说法：“这么多年来一直都是这样做的，为什么现在要改变？”

为什么？因为这世界时刻在变化。是的，骗子和小偷一直都存在，但是最近却涌现出了越来越多的冷漠型犯罪案件。

其中一个例子就是对于老年人的攻击。无论他们是否富有，为了拿走他们身上所有的钱，攻击者会假扮亲属或者政府机构。在写本章内容的前一天晚上，我和一个好朋友讨论了这种情况。他告诉我，他一个朋友的妈妈就刚刚被这种骗子给骗了。那位老太太正处于癌症晚期阶段，几乎没有什么钱，但骗子不管这些，一两通电话之后骗走了她所有的钱。

不知不觉间，人们对于身边人的关心越来越少，再加上骗取邮件地址、电话号码、互联网身份认证也变得更容易，这就让试图进行恶意社会工程攻击的人更加有机可乘。

在工作和私人生活中，我们可以通过软件和处理程序保护自己免受恶意软件、病毒和木马的攻击。我们可以给门买更好的锁，安装更好的报警系统，甚至还能雇用公司监控自己的信用报告。但是我们对恶意的社会工程师却疏于防范。当他们想让你转账、给他们信用卡号码时，没有系统、工具或者软件能够阻止这些行为的发生。

这并不意味着我们就毫无希望，未来前途渺茫了。我只是说修复不易。这也是我为什么写第一本书和这本书的原因：先了解，再行动，这才是修复之道。

与生活中大部分事物一样，我们首先要进行了解。要先知道这些攻击是如何完成的，使用了何种方法，攻击的表现是什么，以及是什么受到了攻击。

之后，我们所了解的知识就要激励我们采取行动。该行动就是我们采取的保护措施。知识是唯一真正能够保护我们免受黑客或社会工程师伤害的工具。如果我们能够识别迹象，明白对方所说的话，甚至还能理解言外之意，那么我们就有了防御的机会。

在最后一章，我将从两种不同的视角来论述这些内容。首先，介绍如何以渗透实验测试人员的身份将这些知识付诸实践，加强对客户的保护能力。其次再讨论如何将本书内容作为防御机制来使用。你也许是 IT 团队的一员，一位教授或教师，或者是一位家长，一位热心的公民。那么你该如何使用本书来提升自己的交流技能，并且能够分析出某人是否正打算坑害你呢？

9.1 像社会工程师一样运用信息

在我教授的为期五天的“针对渗透测试人员的社会工程”课堂上，我们的格言是“让别人因为遇到自己而感觉更好”。我们的目标是在五天内教会学生采集个人信息的技能。诱导的前提是不能采取强迫的方式，也不能让对方感觉不舒服。最终的结果我非常满意，并不是因为信息的收集，而是学生们的收获。有学生告诉我这个课程改变了他们的生活，教会他们如何成为一个更称职的丈夫和父亲，做一个更优秀的人。怎么会这样呢？因为社会工程从本质上说就是学习成为一名优秀的沟通者。如果你试着成为一名优秀的沟通者，让与你接触、交流的人因为遇到你感觉更好，这种想法带来的结果会改变你的生活。

但是五天课程中有一堂与众不同的课程——“恶意社会工程师也用同样的策略”，它对学生的影响有时要到最后一刻才能有所体会。

我曾在播客上采访过保罗·扎克博士。扎克博士致力于催产素的研究。催产素是当我们感到信任、联系和亲密的时候，大脑分泌的一种分子。它常常和哺乳联系在一起，但是扎克博士发现当我们与自己所爱或者信任的人交流时，人人都会分泌这种催产素。他还给我讲述了他年轻时在加油站工作的一次经历。当时两个骗子用“放鸽子”的诡计骗了他。有一天，一位男士拿着一个小盒子走进了办公室，他说是在洗手间捡到这个盒子的，里面好像有贵重的珠宝。

正当保罗思索要怎么做时，电话铃响了。电话那头的人火急火燎地描述了他是怎么把珠宝落在加油站的。保罗告诉他此刻正有一名诚实的顾客将那个盒子上交了。电话那头的人十分欣喜，并说他要给拾到盒子的人 200 美元作为回报。保罗挂断电话并告诉这个拾到盒子的人，珠宝的主人要在取回盒子的时候给他报酬。这个人称他还要去面试，所以他得离开了。不过他提出了一个解决方案——他要与保罗分享报酬。保罗要做的就是从收银机中拿出 100 美元给他。然后，等珠宝的主人到加油站的时候，保罗可以留下 100 美元给自己，剩下的 100 美元放回收银机。

保罗给了他 100 美元，但是珠宝的主人却没有出现。保罗因此赔了 100 美元。人们为什么会被这样的骗子所欺骗呢？扎克博士是这样解释的：“骗子之所以能成功不是因为他们劝说当事人去相信他们，而是让当事人认为骗子相信自己。”当我们感觉自己受到信任时，大脑就会分泌催产素。当我们的情绪参与进来，扁桃核被强行控制的时候，逻辑中心就会向相反的方向运行。

这对社会工程师来说是一个关键点。当别人感觉你信任他的时候，他会以信任的感觉作为回报。这是那些安全爱好者在我的五天课程中学到的宝贵一课。他们没有学习如何欺骗、戏弄或者证明某人不那么聪明。他们学到的是人们容易被善良和信任掩盖下的骗术欺骗，并且被蒙蔽的时间还会较长。

在完成第一本书的写作后，我收到了很多采访的请求。其中一个问题吓到了我："难道你不担心教会坏人吗？万一他们用更多的方法来对付我们可怎么办？"对于这个问题，我的答案无论在过去还是现在都是一样的——如果我们不知道如何进攻，就不能很好地防御。如果你第一次在真正的搏斗中挨了揍，那么结局大概不会太好。这就是为什么人们要学习搏斗和保护自己。在课堂上，人们会进行对打，这时两个人会真实地击打对方，然后学会如何击打，如何挨打，以及如何保护自己不被打。

这和渗透测试有相似之处——学习如何接受、传递和抵御打击。假如你要准备参加拳王争霸赛，肯定不会随便在大街上找个体重只有 80 斤的人对打。你会选择技能、重量级、力量和经验值都与你相当的拳击陪练。那么关于渗透测试，你想要找一个什么样的陪练呢？是初次参赛的新手，还是知道如何正确搏击，并且能帮你备战拳王争霸赛的陪练？

负责网络威胁研究的迈克菲（McAfee）前副总裁德米特里·阿帕洛维奇说过的一段话让我开始更加坚信这一点。他说："我相信所有行业中那些颇具规模、拥有宝贵的知识产权和商业机密的公司都是缺乏抵御能力的（或不久后就会缺乏），而且其中绝大多数受害者很少发现入侵及其危害。"

坏人们并不会去书店寻找"如何做个坏人"的书籍，他们会在工作中学习。然而，我们则拥有一些资源帮助自己学习抵御攻击的技能。

作为社会工程专家，我会告诉人们首先要在实际生活中练习这些技能。比如，我们可以学习如何成为一个健谈的人。学习如何倾听，如何正确使用非语言交流方式表达情绪，以及如何读懂他人。当你如法炮制的时候，就会发现它逐渐成为你的本能，并会为你开启一个新的世界。

前几天，我完成了本书第 8 章的写作。我重读了艾克曼博士的作品，所有的内容我都记忆犹新。当我和朋友说话的时候，就会情不自禁地去观察各处的动作单元 1、2 和 4。我会在对话中或者是没有对话的时候寻找这些信号。这样做更好地帮助我巩固了这一章的内容。

接下来我要强调一下之前提到过的一个说法——“完美的练习造就完美”。在与家人、朋友、同事和陌生人的交流中，你使用技能的次数越多，它们就越容易成为你个性的一部分。如果能做到这一点，就可以进入到下一个境界——像社会工程师那样使用这些技能。

这可能是专业的社会工程师要面对的最艰苦的挑战。我曾与世界级顶尖人物交流过，如凯文·米特尼克、克里斯·尼克森以及大卫·肯尼迪，发现他们也有同样的问题。许多公司都忽视了测试真正的社会工程向量的重要性。他们以为那些很好识别的钓鱼邮件和遗落的三两个优盘就是“社会工程测试”。我们得帮助客户认识到坏人不会只发送一两封邮件就罢手，也不会把优盘遗落在公司的停车场后就离开。攻击者非常专注，并且他们的行动都是受目标驱动的，所以他们是不会善罢甘休的。在下午五点前他们是不会回家休息的。他们会花时间进行分析，搜集情报，并开发真实的攻击途径。公司能指望安全部门做些什么呢？

当我在艾克曼博士家中小坐时，我们讨论了社会工程和非语言交流的未来。我觉得艾克曼博士知道如何控制面部，所以要识破他的谎言会很难。但是艾克曼博士说他其实并不善于此道。不过，在过去的数十年里，他一直都在进行练习，对自己进行测试，尝试寻找能够表现某人在说谎的线索。他的不懈努力使得他自 1954 年起就成为其工作领域的领军人物，而且他还创作了十余部书籍，发表了 100 多篇相关的文章。他的事迹对我们有何启发？我们可以运用同样的规则。我们还可以在日常生活中开发和运用艾克曼博士和其他大师数十年的研究成果。这样下来，我们也会成为社会工程大师。

9.2 用本书来防护

让我们回到前面关于搏斗的那个例子。我曾认识一位剑术大师。他能娴熟地运用任何剑。他用了五年的时间来达到这个境界，之后又用了五年的时间完善细节。当开始学习剑术的时候，他需要找对合适的陪练和教练。为什么？因为他要选择的人是要在他的头上和身体上舞刀弄剑的人。除了寻找具备知识和能力的人外，我的朋友还告诉我另外一个关键因素，那就是经验。经验丰富的人能够帮助他缩短学习曲线，并更快速地提升能力。

这也是为什么在写本书之前，我用了两年多的时间和艾克曼博士以及保罗·凯利建立密切关系。我需要有两位"大师"帮助我缩短学习曲线。与大师同行意味着我们能从大师的专业技术、才能、知识，（更重要的是）从他们的经验中受益。

我们之所以能从中受益是因为，要了解骗子们的所有伎俩是很耗时的。我每周都花很多时间阅读关于最新攻击的新闻和报告，以及关于人们如何采取行动的最新研究成果。不过这也正是我的工作——竭尽所能保护我的客户。要知道，你的工作、家人以及生活可能并不处于安全范围，本书旨在帮你找到便捷的方式去练习和实施我所介绍的技能。

我们先暂时不谈安全的问题，先把重点放在与他人交流上。无论是与孩子、配偶、老板、学生，还是在商店或街上遇到的人、礼拜场所遇到的人，以及萍水相逢的人进行交流，通过使用这些技能，你会逐渐成为一名优秀的沟通者，你释放和接收信息的方式也会得以改变。

在他人不说话的时候理解其真正用意会帮你改变沟通风格，更有效地传递信息。如果你通过这项技能创建安全措施，不仅能更好地与他人交流，还能让你捕捉到对方没有明确目标时的蛛丝马迹。

学会这些知识之后，请将他们放到安全识别程序中。帮助与你共事的人了解恶意社会工程师是如何使用这些技能的，教会他们以批判的思维进行思考，让他们看到仔细考量别人所提的要求会带来怎样的巨大差异。

9.3 成为批判性思考者

我对批判性思维的定义是：不要让自己、家人、雇员和客户仅凭表象接受一切。不要盲目地认定我是废弃物管理代表、职业安全与健康管理局检查员、IT 人员乔，或者是什么公司副总裁的助理。当你不确定听到的内容是否属实，或者之前从未听说过此事，不清楚为什么别人会给你打电话、提问题时，一定要提出质疑。

批判性思维需要时间，而且有时还会有风险。比如，我曾经和一家公司合作。该公司使用了非常多的呼叫中心作客户服务。该公司有一个政策，如果客服代表与客户的通话时间超过两分钟，那么他的小时工资就会根据超出时长下调。在知道这个政策以后，我给呼叫中心打电话时都会刻意超出这个时间范围。每每此时，服务支持代表就开始变得不安，想结束我的电话来保证他的工资不会下调。那时我就会就敏感信息提出要求。服务支持代表就会因为紧张而停止批判性思考，并开始回答我所有问题。当我说"我不想打扰您太久，就让我问最后一个问题"时，情况尤其是如此。这种说法会让服务支持代表看到希望，感觉此通电话很快就会结束。之后，我就会问类似这样的问题："我自己做了一点小生意，我努力尝试让自己成熟起来。有那么多清洁服务公司，您喜欢哪一家呢？"我还会问这样的问题："我刚创立了自己的办公室，不知道该用哪种操作系统和软件。您用什么操作系统？什么浏览器？"

在电话快要结束之前，那些客服代表们就不再能进行正常的逻辑推理了，他们会只关注工资标准，从而做出糟糕的决定，说出不该说的信息。

如果在公司内部提倡批判性思维技巧，让员工在通过提问、思考后阻止攻击行为并保护了公司的财产后得到奖励，事情就会朝着良性的方向发展；相反，很多公司往往基于是否恪守定下的制度而决定奖惩。

为了帮助客户学习批判性思维技能，我开发了一个被我自己称为"批判性思维入门"的程序。它不是针对对话写出来的文稿，而是一系列的思考方式。这种思考方式会帮助客户养成一定的习惯以保证他们的安全。以下就是关于使用自动取款机的注意事项。

(1) 环顾四周，确保安全。
(2) 在走到机器前不要拿出银行卡。
(3) 在插卡前，晃动卡槽，确保其是机器的一部分，而不是伪造的读卡器（黑客安装）。
(4) 注意那些突出的或者看起来很奇怪的部分，因为那可能是伪造的机器部件（这个安装在卡槽上的部件会盗取你的信息和密码）。
(5) 插入银行卡后，输入密码时要遮挡键盘。
(6) 取款完毕后要带齐钱、卡和收据。

(7) 离开取款机的时候把所有的物品放进钱包。

这些简单的步骤能让你不会因为伪造的取款机部件损失钱财或受伤害。你需要帮助员工或者客户开发针对各种情况的入门程序。

- 如果我怀疑邮件是钓鱼邮件的时候该怎么做?
- 如果我点击了一个可能是钓鱼邮件的链接该怎么办?
- 如果我怀疑接到的电话是钓鱼电话该怎么办?
- 如果我怀疑这个人不属于这里又该怎么办?
- 如果我回答了本不该回答的问题该如何是好?

不过如果你的公司对于雇员收到钓鱼邮件或其他攻击的反应是给予惩罚，那你可就要面对一些挑战了。如果是这样的话，员工就不能够在公司公开讨论关于安全的关心和实践。但是管理层需要认识到，被恶意社会工程师蒙骗并不意味着员工的软弱或愚蠢。这是人之常情。管理层需要帮助员工解决问题并把恶意攻击带来的副作用降到最低。最好的方法就是成立一个部门或者派专人负责报告和安全相关的事件。该部门或人员不会因为担心报告问题而受到公司处罚。也可以考虑对其进行额外的培训。

9.4 总结

写作这本书的过程同时也是一个学习的过程。能够有机会和艾克曼博士以及保罗·凯利密切合作改变了我对非语言行为的使用和看法。当我更多地学习、阅读、写作和对比时，我在日常交流中能观察到的迹象也就越多，从而让我能够更好、更宽泛地交流，理解对方的情绪内容，同时也让自己更安全。在这本书中没有神奇的技能能让你变成测谎专家或是读心者。但是结合本书描述的技能，你就可以真正地理解对方想要表达的情绪，即使对方没有说什么。这是一种奇妙的能力。

练习这些技能的时候，一定要谨记艾克曼博士的话："能够看出别人的感觉不代表我们知道对方为什么有这样的感觉。"这也是我在工作初期艾克曼博士告诫我的。学习使用观察到的情绪，集中力量进行诱导。学习关注那些基准态的微妙变化。无论你是否是专业的社会工程师，这些技能都会在交流中助你一臂之力。

感谢花费宝贵的时间阅读本书。希望你能够获得可以在生活中使用的有益信息，因为我知道我的生活一直受益于此。

最后，请记住我的格言：让人们因为遇见你而感觉更美好。有些人通过让别人难堪和蒙羞达成自己的目标。有些人用恐惧和嘲笑给别人以教训。但是我知道授之以谦逊、善良和鼓励会有更好的结果。批判性思维也让我受益。无论对方是孩子还是表现得像个孩子，我们都要花时间从他的眼中发现问题。花时间去理解人们的情绪，无论这些情绪是否有意义，是否合理。我保证当你这样做的时候，你的面前会开启一个新的世界。你可以因此探究社会工程师，甚至任何站在你面前的人的秘密了。

小白要批判，专家要灵活

社会工程专家 Christopher Hadnagy 访谈

Christopher Hadnagy 从事计算机技术 14 年之久，现在全心投入在计算机安全中“人”的研究。他成立了社会工程框架 Social-Engineer，致力于帮助公司提高安全性，并教授给他们“坏人”的做法。他研究并破解了最近发生的很多恶意攻击事件。他推荐的实践测试法被 500 强公司采用，用来教育员工安全方面的知识。他与 BackTrack 安全团队一起参与了各种类型的安全项目，有近 20 年的安全和信息技术实践经验。他也是主动式安全（Offensive Security）渗透测试小组的培训师和首席社会工程专家。他还是《社会工程：安全体系中的人性漏洞》《社会工程 卷 2：解读肢体语言》《社会工程卷 3：防范钓鱼欺诈》一书的作者。

图灵社区：你认为哪起事件引起了公众对社会工程的重视？

Chris：在过去的一年半中，全球范围内商业领域有超过 60%的重要攻击事件使用了“社会工程”作为主要攻击手段。

图灵社区：你是怎么进入信息安全领域的？这个领域一直都是计算机科学中比较神秘的学科，不仅对于普通人，对于程序员也是如此。

Chris：我一直在和人交流这件事上很有门道。我也很喜欢计算机和安全领域的研究。从我开始学习心理学开始，一切似乎都在自然而然地发展。社会工程主要研究的就是如何影响和操纵其他人，让他们做出他们不应该做的事。

图灵社区：是什么让你决定开始专注于信息安全中“人”的因素？

Chris：我是一个善于和人打交道的人。我喜欢谈话和交流。坏人通过谈话就可以摆布别人，他们是如何做到的？研究这件事对我来说很有吸引力。我在学习这件事的同时，也在研究非语言的交流方式。

图灵社区：你在培训你的客户（非安全专业人员）应对社会工程师的攻击时面临的最大挑战是什么？

Chris：最难的是让他们具有批判性的思考。这并不像软件那样，1+1=2。对于人来说，有时候一加一未必等于二，所以最重要的是要理解概念，而非规则，只有运用概念，灵活应变，才是万全之策。

图灵社区：对于社会工程来说成功的关键因素是什么？

Chris：灵活和投入。如果你在面对任何环境时都可以随机应变，并且在整个过程中专心致志，甚至在出现失误的情况下，你都会有很大机会将获得成功。

图灵社区：信息安全必须要被动地部署吗？只有当攻击发生之后，系统才能得到升级？

Chris：并不是这样。信息安全需要在任何时候都应用起来，不只是在遭到攻击后。如果你在第一次被打击就是在一次实战中，你无疑会失败。你必须经常测试、审查，甚至“挨打”，只有这样，你才知道在受到攻击时该如何反应。

图灵社区：在白帽和黑帽之间存在永远的对抗，你是怎么跟上发展，甚至先发制人的呢？

Chris：这是个好问题。要知道，我做的是一份全职工作。我们无时无刻不需要阅读、研究、尝试新事物。工作量很大，同时也需要我们全心全意地投入。

图灵社区：现在，很多黑客都转移到了硬件黑客的领域，比如，他们可以利用电脑在一定距离内控制汽车，他们甚至还可以控制 ATM 机，让它们吐钱。社会工程在硬件黑客领域是很重要的因素吗？

Chris：我认为是这样的。要做到你以上说的这些事，很多时候都是从一个电话或者一封钓鱼邮件开始的。

图灵社区：BackTrack 堪称是对于学习黑客技术来说最好的系统。它相于其他系统（比如 Linux）来说有什么优势？

Chris：Backtrack，以及现在的 Kali Linux，都已经内置了用于侵入测试的所有工具。所以它是用来学习黑客技术的最好的操作系统。

图灵社区：有很多早期创业者都具有找到风险投资，在这个过程中他们往往比平时更加大意。你对这些创业者有哪些抵御社会工程方面的建议吗？

Chris：好问题！我的建议如下：

(1) 要运用批判性思考，不要对所谓的“好消息”反应得太快；
(2) 要知道，你在社交媒体上公布的一切都可能成为对你不利的信息；
(3) 记住，只需要一通电话或是一封邮件，你就可能成为受害者。

（译者：李盼）

延展阅读

每个人都想说服其他人做一些事，不论是说服客户购买产品、说服供应商提供高性价比的服务，还是说服员工更加积极主动地工作，甚至是说服自己的另一半做饭。总之，我们每天都会用许多时间说服自己周围的人。你说服他人的成功率如何？何不充分利用心理学与脑科学的研究成果呢？你不仅能说服别人做你希望他们做的事，甚至能让他们主动去做这些事。

书名：说服人要懂心理学　　书号：978-7-115-33957-7　　定价：39.00 元

维克多・雨果曾说过："未来将属于两种人：思想的人和劳动的人。"对各种事物都有着深刻好奇心和善于考据的思维方式的阮一峰，无疑是一个思想的人，一位对一切美好事物及感情充满向往的真正意义上的知识分子。阮一峰广泛涉猎，善于思考，勤于总结，并且乐于分享：他将自己从一本书、一部电影或者一段经历中所得的感受和思考，都发表在了 2003 年开通的博客上。累积至今的 1500 余篇博文，书写了各种庞杂的知识，理性且不乏人文关怀，试图以个人单薄的力量向社会传达一种向善的理想，希望通过这些文章来告诉大家如何做一个独立思考者。

书名：如何变得有思想　　书号：978-7-115-37364-9　　定价：49.00 元

本书介绍了时下最流行的时间管理方法之一——番茄工作法。作者根据亲身运用番茄工作法的经历，以生动的语言，传神的图画，将番茄工作法的具体理论和实践呈现在读者面前。番茄工作法简约而不简单，本书亦然。在番茄工作法一个个短短的 25 分钟内，你收获的不仅仅是效率，还会有意想不到的成就感。

本书适合所有志在提高工作效率的人员，尤其是软件工作人员和办公人员。

书名：番茄工作法图解：简单易行的时间管理方法 [软精装]
书号：978-7-115-36936-9　　定价：39.00 元

自学者，英文称之为 autodidact，意为自己教育自己的人。大部分人都会在某个时刻走出学校，开始工作，也开启自学的人生。在自学的时候，没有制订好的教材，没有老师，没有同学，怎么来确保更高效的学习呢？这本书讲述的就是这样一套学习方法论，用于帮助你形成自己的学习和自学方法。除此之外，书中还介绍了一些利用信息科技来帮助学习的方法，助你成为一个更好的自学者。

书名：我们要自学　　书号：978-7-115-37438-7　　定价：39.00 元